| 光明社科文库 |

网购食品安全监管体系研究

洪　岚　尹相荣◎著

光明日报出版社

图书在版编目（CIP）数据

网购食品安全监管体系研究 / 洪岚，尹相荣著 . --
北京：光明日报出版社，2021.9
ISBN 978 - 7 - 5194 - 6244 - 4

Ⅰ.①网… Ⅱ.①洪… ②尹… Ⅲ.①网上购物—食
品安全—监管制度—研究 Ⅳ.①TS201.6

中国版本图书馆 CIP 数据核字（2021）第 162647 号

网购食品安全监管体系研究

WANGGOU SHIPIN ANQUAN JIANGUAN TIXI YANJIU

著　者：洪　岚　尹相荣

责任编辑：李　倩　　　　　　　　责任校对：郭嘉欣
封面设计：中联华文　　　　　　　责任印制：曹　净

出版发行：光明日报出版社
地　　址：北京市西城区永安路 106 号，100050
电　　话：010 - 63169890（咨询），010 - 63131930（邮购）
传　　真：010 - 63131930
网　　址：http: // book. gmw. cn
E - mail：gmcbs@ gmw. cn
法律顾问：北京德恒律师事务所龚柳方律师

印　　刷：三河市华东印刷有限公司
装　　订：三河市华东印刷有限公司
本书如有破损、缺页、装订错误，请与本社联系调换，电话：010 - 63131930

开　　本：170mm×240mm
字　　数：150 千字　　　　　　　印　　张：11.5
版　　次：2021 年 9 月第 1 版　　印　　次：2021 年 9 月第 1 次印刷
书　　号：ISBN 978 - 7 - 5194 - 6244 - 4
定　　价：85.00 元

目　录
CONTENTS

第一章

绪　论

一、选题背景与研究意义

（一）选题背景

1. 网络食品交易发展迅速，但食品安全问题频发

近年来，网络技术、信息技术在中国的发展和普及不仅催生了一系列新模式新业态，也丰富了中国居民的消费方式。2020 年 9 月 29 日，中国互联网络信息中心（CNNIC）发布了第 46 次《中国互联网络发展状况统计报告》。数据显示，截至 2020 年 6 月，中国网民规模为 9.40 亿，互联网普及率达 67.0%；手机网民规模为 9.32 亿，手机网民占网民规模的比重达 99.2%[①]。不但需求侧的网民数量和互联网渗透率逐年上升，供给侧的线上支付、物流配送等配套

[①] 中国互联网络信息中心. 第 46 次《中国互联网络发展状况统计报告》[EB/OL]. 中国互联网络信息中心，2020-09-29.

服务的质量也明显提高。上述情况表明，中国拥有良好的网络购物发展条件。数据显示，截至 2020 年 6 月，中国网络购物用户规模达到 7.49 亿，占网民人数的比例达 79.7%；手机网络购物用户规模达 7.47 亿，占手机网民人数的比例为 80.1%①。

　　繁荣的网络购物市场推动了网络食品交易的发展。网络食品交易是指以互联网为媒介，消费者通过电脑、手机 App 在线下单和支付，食品经过物流配送至消费者的整个过程。网络食品交易不仅迎合了居民多样化、个性化、便捷化的食品消费需求，也日益成为食品生产经营者开拓市场的重要途径，并带动了快递（尤其是冷链物流）、即时配送等服务行业的发展。不仅淘宝（天猫）、京东、苏宁易购、拼多多等大型平台涉足网络食品交易，也有许多其他的网络科技公司以网络食品交易为主营业务，包括本来生活网、沱沱工社、中粮我买网、易果网等网络食品零售平台，以及美团、饿了么等网络餐饮外卖平台。

　　目前，网络食品交易主要为网络食品零售和网络餐饮外卖两种形式。网络食品零售的起步时期较早，从 2005 年开始，经历了 4 年的初期探索后，在 2009 年迎来了启动期，一系列网络食品零售平台纷纷涌现（见图 1-1）。除了淘宝（天猫）和京东商城两大电商企业开始涉足食品零售领域，也出现了沱沱工社（2008 年正式上线）、中粮集团旗下的中粮我买网（2009 年正式上线）、顺丰速运旗下的顺丰优选（2012 年正式上线）以及本来生活网（2012 年正式上线）等专营食品零售的电商平台。近年来，随着社会经济发展，大数据、

----

① 中国互联网络信息中心. 第 46 次《中国互联网络发展状况统计报告》［EB/OL］. 中国互联网络信息中心，2020-09-29.

云计算等新技术的应用推动，网络生鲜食品零售深入社区，出现"盒马""美团买菜"等新模式新业态，以满足普通居民对食品消费便利、新鲜、高品质的美好诉求。从当下网络食品零售的发展现状来看，这些网络食品零售模式可梳理归纳为以下几类：①"第三方平台+入驻零售商"，如淘宝（天猫）、拼多多等；②"第三方平台+主播+食品商家"，如淘宝和京东的直播频道以及快手、抖音等短视频平台的直播带货；③食品自营电商，如京东商自营、本来生活网、每日优鲜、叮咚买菜等，也包括线上线下融合的新零售企业，例如，盒马鲜生、京东 7FRESH 等；④从传统商超衍生出来的食品电商平台，如多点系统、京东到家等。

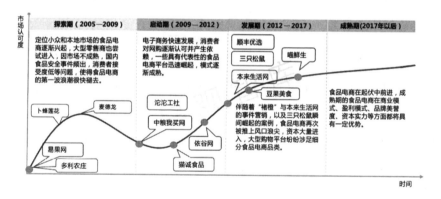

图 1-1　中国网络食品零售发展历程（来源：易观智库）

网络餐饮外卖的起步相对较晚。据统计，截至 2020 年 6 月，中国网络订餐用户规模达 4.09 亿①。市场结构方面，双寡头竞争格局已然清晰：美团在香港上市，阿里巴巴全资收购饿了么平台，并将

① 中国互联网络信息中心. 第 46 次《中国互联网络发展状况统计报告》[EB/OL]. 中国互联网络信息中心，2020-09-29.

3

其纳入阿里巴巴的本地生活服务板块。在经历几年市场补贴培育后，工作加班、周末聚餐、下午茶、消夜等订餐场景已经形成并不断拓展，网络订餐已成为居民的常态化就餐方式之一。

以网络食品零售和网络餐饮外卖为主要内容的网络食品交易发展迅速，与居民的饮食息息相关，但频发的食品安全问题成为行业可持续发展的掣肘。"中国综合小康指数"显示，2012—2017年，食品安全连续六年排在"最受关注的十大焦点问题"第一位。其中，网络食品交易出现的食品安全问题受到社会各界的关注，对消费者信心产生了负面影响。

网络食品零售方面，一些"网红食品"出现食品安全问题，受到了广泛关注。比如，①2017年8月，原国家食品药品监督管理总局通报：天猫超市销售的三只松鼠开心果的霉菌检出值为70CFU/g，比国家标准（不超过25CFU/g）高1.8倍①。②2017年央视3·15晚会曝光：经深圳市市场稽查局初步统计，国内涉嫌销售日本核污染食品的网上商家达13000多家，卡乐比麦片等多种广受欢迎的进口零食都在列。在2011年3月日本福岛核电站发生泄漏后的第一时间，中国政府就已经禁止进口事故周边地区的食品。③2019年5月媒体报道：抖音上的"烤虾大妈"以直播带货形式导购三无食品②。

网络餐饮外卖方面，订餐平台为扩大规模、丰富经营品类，对入驻商户的资质审查浮于形式，导致一些无证照、卫生条件不合格的小餐饮店、黑作坊加入市场，威胁到消费者的身体健康。媒体报

---

① 新华网. 三只松鼠开心果霉菌超标被罚5万元 [EB/OL]. 新华网, 2017-10-24.
② 搜狐网. 多家直播平台回应监管部门网红食品安全专项行动：将进一步完善管理机制 [EB/OL]. 搜狐网, 2019-10-19.

道的一系列网络餐饮外卖的负面新闻,多数与食品安全有关。比如,①2016 年央视 3·15 晚会曝光,饿了么订餐平台多家入驻餐饮店无证经营,虚报经营地点,存在食品安全风险。而在运营过程中,订餐平台还存在引导商户上传虚假经营信息,甚至默许无资质的黑作坊入驻等情况。②北京市食品药品安全法治研究会、北京阳光消费大数据研究院、消费者网等机构联合发布的《网络餐饮消费维权舆情数据报告(2018—2019)》显示,食品卫生安全、套证或假证经营等问题是外卖维权的主要方面,对外卖平台的行政处罚有超过六成是由于其未尽到对入驻商家的审查义务①。

为保障网络交易食品的安全,各级政府监管部门对行业开展了一系列的整顿工作。以网络订餐为例,整顿工作包括约谈平台负责人、清退不合格商户等。从整顿结果来看,外卖食品安全仍旧存在较多问题。例如,2018 年 10 月至 2019 年 1 月,国家市场监管总局部署开展网络餐饮服务食品安全专项检查,严厉打击各类违法行为,净化网络订餐食品安全环境。各地市场监管部门强化工作措施,推动专项检查工作有力有序开展。针对各类违法违规问题,共下达责令改正通知书 89230 份,下线入网餐饮服务提供者 18.5 万家,取缔无证经营 9375 家,立案查处网络餐饮服务第三方平台及其分支机构违法行为 583 件,立案查处入网餐饮服务提供者违法行为 14153 件,累计罚没金额 7929 余万元。②

上述状况表明,尽管网络食品交易持续快速发展,但频发的食

---

① 北晚新视觉.《网络餐饮消费维权舆情数据报告》:外卖食品安全存七大问题 [EB/OL].北晚新视觉,2019-06-19.

② 中国政府网.网络餐饮服务食品安全专项检查行动取得阶段性成效 [EB/OL].中国政府网,2019-04-07.

品安全问题引起了社会各界的高度关注，在侵害消费者切身利益、降低消费者信任的同时，也扰乱了网络食品市场的正常秩序和交易环境，成为制约"互联网+食品"等新业态高质量发展的短板。

2. 法律法规强化了第三方平台的食品安全责任和义务

网络食品市场规模的持续扩大及其频发的食品安全问题引起了立法机构和监管部门的重视。第十二届全国人大常务委员会于2015年4月24日修订通过了《中华人民共和国食品安全法》，自2015年10月1日起施行。相较于2009年的版本，2015年修订通过的《食品安全法》对当前监管难点之一的网络食品交易各方的责任和义务做出了更加明确的规定，特别是强调了网络食品交易第三方平台对保障网络食品安全应承担的责任。实际上，网络交易中食品安全责任的难点主要在于第三方平台的角色定位问题。在网络食品交易过程中，第三方平台经营的是信息，而非实物食品或餐饮服务，因而第三方平台属于食品安全的直接责任人——食品商家和餐饮服务提供者之外的责任主体。要求直接责任人以外的第三方对违法行为的监控承担一定的责任，则这种责任的范围和边界需要明晰地限定，第三方平台也迫切地要求出台明确的尽职免责规则并据以合法地运营。具体来看，在网络餐饮外卖中，订餐平台扮演的是第三方平台的角色。而在前文所述的网络食品零售的诸多模式中，自营食品电商和传统商超的电商业务，由于两者本质上都是食品经营主体自建网络销售渠道，因而两者毫无疑问要对各自的网售食品信息的真实性承担责任，行政部门对两者的食品安全监管也可以类似于线下监管而直接对食品电商的城市仓、前置仓或传统商超的经营场所进行实地检查。而对于"第三方平台+入驻零售商"和"第三方平台+主播+食品商家"模式来说，相较于自营食品电商和传统商超的电商业务的特殊之处在于引入了第三方平台，由于第三方平台不直接经营实物商品和餐饮服务，其在多大程度上能保证所经营食品信息的真实性存在疑问；同时，第三方平台上聚集了各地的卖家，许多交易活动跨越了行政区划，给传统的食品安全监管方式带来了严重挑战。因而对于网购食品安全监管来说，在"卖家+第三方平台+买家"的交易模式中，单纯依靠政府部门监管的方式面临着成本和效率的双重压力，而将第三方平台纳入监管之中是解决问题的一个途径，由此引申出的问题是，第三方平台的食品安全责任的范围和边界或者说尽职免责的标准存在一些争议。对于第三方平台在食品安全责任和义务方面的争议，遵照食品安全法的精神，行政部门对第三方平台的食品安全责任和义务做出了相应规定。原国家食品药品监督管理总局于2016年3月15日审议通过《网络食品安全违法行为查处办法》，自2016年10月1日起实施。此规章明确了食药监部门作为网络食品安全监管主体的地位，规定了网络食品交易第三方平台提供者在入网食品生产经营者审查登记、食品安全日常管理、消费者维权、协助食品监管部门工作等方面的义务，以及违反规章时应承担的责任。为加强网络餐饮服务监管，规范行业经营行为，2017年11月6日，原国家食品药品监督管理总局发布了《网络餐饮服务食品安全监督管理办法》，自2018年1月1日起实施。此规章系为网络餐饮外卖量身定做，更加细化了网络订餐平台的责任和义务。在此基础上，国家市场监督管理总局于2020年11月3日公布了《网络餐饮服务食品安全监督管理办法（2020年修订版）》进一步对外卖平台食品安全责任落实、商家入驻资质审核以及各方责任与义务进行规定。由此可见，近些年的一系列法律法规更加强调第三方平台的食品安全义务，以及未履行义务时应承担的责任。

（二）研究意义

频发的食品安全问题扰乱了市场秩序，损害了消费者利益，不利于网络食品交易市场的良性发展。深入研究网购食品安全监管，找出其薄弱环节、监管难点及存在的问题，并提出相应的解决对策，对消费者身体健康和行业可持续发展，具有重要的现实意义。特别是在法律法规强化了第三方平台的食品安全责任和义务的背景下，第三方平台以及其他利益相关者应当如何承担食品安全责任？政府的作用如何更好地发挥？对上述问题的分析和解决，不但有利于规范市场竞争秩序，也是对新业态、新模式的监管实践的有益补充，最终有利于提升网络食品交易对食品生产、流通和消费的促进作用。一方面，完善的网购食品安全监管体系不仅是公民的生命权和健康权的有力保障，也是提升人力资本水平进而促进经济发展的重要途径。另一方面，网络食品交易丰富了居民的消费选择，拓宽了食品企业的营销渠道，在一定程度上突破了食品流通的时间和空间限制，有助于提高居民和企业福利水平。

二、概念界定：网购食品安全监管体系

虽然目前尚未有学者对网购食品安全监管体系的概念进行界定，但产业经济学以及食品安全监管等学术领域的有关研究对合理界定网购食品安全监管体系具有重要的借鉴意义。产业经济学方面，参

照苏东水（2015）对产业规制（regulation，又译为监管）的定义，网购食品安全监管是指政府或社会为保障食品安全而对网络食品交易第三方平台提供者和入网食品生产经营者等市场主体做出的限制、约束和规范，以及政府或社会为督促网络食品行业的市场主体遵守这些限制、约束和规范而采取的行动或措施。食品安全监管方面，一些学者给出了食品安全监管体系的定义。其中，李先国（2011）归纳了发达国家的食品安全监管的特征及成功经验，将食品安全监管体系的内容概括为健全的食品安全法律法规、明确的监管体制与主体、完善的食品安全标准、统一的食品安全检测与预警系统、有效的消费者食品安全意识五方面；根据周应恒和王二朋（2013）的研究，食品安全监管体系由监管体制与能力、监管机制、监管手段三部分构成；王常伟和顾海英（2014）在梳理了新中国成立以来食品安全保障体系的历史沿革的基础上，把法规与标准体系，行政监管与检测体系，准入、认证与可追溯体系，激励与惩治体系，监测、评估与应急体系，宣传、教育与公众监督体系六方面纳入中国食品安全监管体系的整体框架；刘亚平和李欣颐（2015）研究了欧盟的食品安全监管体系，强调由欧盟、成员国和企业组成多层的监管治理格局，提倡由不同层面的主体的合理分工和积极参与所形成的协同监管体系；胡颖廉（2015）以监管资源区域布局的视角研究了"十三五"时期中国的食品安全监管体系，强调食品安全监管应合理安排各级政府的食品安全职责，形成有机衔接的体系。

借鉴上述文献，网购食品安全监管体系主要涉及监管制度、监管主体、监管手段三方面内容。监管制度主要包括网购食品安全监管领域的法律、法规和规章，例如，《食品安全法》《网络食品安全违法行为查处办法》《网络餐饮服务食品安全监督管理办法（2020年修订版）》等法律法规。监管主体除了包括政府的行政部门，依照食品安全领域的法律法规，第三方平台等市场主体的食品安全责任和义务也被越来越多地强调；此外，在国家日益倡导打造"共建共治共享"的社会治理格局的背景下，新闻媒体、非政府组织等社会主体，以及网购食品的消费者等社会力量也逐渐被纳入网购食品安全监管主体的范围。监管手段方面，主要涉及政策工具和信息技术两方面（刘鹏和李文韬，2018）。

综上，本报告将网购食品安全监管体系定义为：在食品安全监管法律、法规、规章的监管制度框架内，政府、市场、社会等领域的监管主体采用政策工具和信息技术等多种监管手段，对网络食品交易第三方平台提供者和入网食品生产经营者等市场主体在食品安全方面做出的限制、约束和规范所构成的有机整体。

三、研究现状与文献述评

（一）研究现状

网络食品交易的发展历程较短，因而该领域的食品安全监管的相关研究也较少。纪杰（2018）以供应链视角考察了网购食品安全监管问题，提出了由行政规制、经济规制和社会规制构成的规制工具组合。此文的特点在于对各个规制工具可能涉及的内容做了全面的探讨，但所提出的规制工具组合中的许多内容是对线下食品安全规制工具的简单重复，缺少适应网络食品交易特点的针对性解决办法。赵鹏（2017）对网络食品交易平台的食品安全法律义务进行了探讨。此文回顾了 2015 年修订通过的《食品安全法》对网络食品交易平台的食品安全义务的规定，指出以功能主义为理论基础的法律实践对平台责任的强化超过了适当限度。作为本地生活服务的重要部分，网络餐饮外卖食品安全监管的有关研究成果明显多于网络食品零售。程信和和董晓佳（2017）认为网络订餐平台的自律监管应被纳入食品安全监管的社会共治框架。此文考虑了网络订餐平台的资源禀赋和能力，但几乎没有对平台自律的意愿和动力进行探讨。刘鹏和李文韬（2018）引入了西方国家的政府监管改革实践中出现的"智慧监管"（smart regulation，智慧监管为此文作者之译）理念，并比较了"智慧监管"与传统的"命令—控制"型监管之间的差异，进而说明了"智慧监管"在解决网络订餐食品安全监管难题中的相对优势。颜海娜和于静（2018）以新制度主义的分析视角阐释了网络订餐食品安全"运动式"治理的困境。该文章的核心内容是，提出了历史因素、环境因素和主观因素是造成"运动式"治理的路径依赖的根源的命题。此文的特点在于以较强的理论视角揭示了"运动式"治理持续至今的原因，但较少涉及近期的其他监管实践。

上述文献在网购食品安全监管需要综合不同的利益相关者的力量、实现协同监管（co-regulation）和公私合作（public-private part-nership）的观点上达成了共识，这种食品安全治理理念符合十九大报告提出的"打造共建共治共享的社会治理格局"的政策取向。若跳出网络交易的情境，可发现这种强调多方主体协同监管的共识在理论和实践层面是经过了较长一段时期才逐步达成的。

早期的食品安全监管研究主要强调政府对食品市场的干预。诚如安特尔（Antle，1999）指出的那样，直到 20 世纪 90 年代，食品安全监管是政府机构和食品技术专家从事的领域（p. 605）。然而，在多个工业化国家出现的一系列食源性疾病引起了社会各界的关注和反思，有效的食品安全监管成为政治和经济的共同需求（Martinez et al，2007）。亨森和卡斯威尔（Henson and Caswell，1999）提出了食品安全监管的两条原则：科学性原则和经济性原则。其中科学性原则是指食品安全监管要基于风险分析（risk analysis），经济性原则是指最优的监管力度需要保持在食品安全的边际收益和边际成本相等的水平之上。反映在实践中，经合组织成员国广泛采取监管影响分析（RIA，i. e. regulatory impact analysis），在风险分析基础上系统性评估食品安全监管政策的成本和收益（Smith & Jacobs，1997）。

　　食品安全监管的科学性原则和经济性原则对实践层面和学术层面的影响较为深远。实践层面，西方国家纷纷出台法律法规，要求食品生产经营者建立基于危害分析的关键控制点（HACCP）的自律监管体制（Rouvière & Royer，2017）。学术层面，学者们将食品生产经营者、行业协会、新闻媒体等部门逐渐纳入食品安全监管主体的范畴，注重食品安全监管的多方协同或公私合作，期望通过充分发挥多方主体的各自优势进而以更低的成本提供更为安全的食品。马丁内斯（Martinez et al，2007）指出，按照政府对食品产业的干预程度，一极是毫不干预，另一极是计划和命令，而在两极之间存在多个层次的公共部门和私人部门协同监管的空间。Martinez et al. (2013) 按照政府对私人部门的授权程度，将食品安全协同监管归结为"自上而下"和"自下而上"两种模式。学者们主要以案例分析的方法对不同模式的食品安全协同监管进行研究（Martinez et al.，

2007；Rouvière & Caswell，2012；Martinez et al.，2013；Rouvière & Ro-
yer，2017；谢康等，2017）。另外一些学者的研究涉及了食品生产企
业的自律监管（Fares & Rouvière，2010）、媒体和资本市场在食品安
全监管中的作用（周开国等，2016）。

（二）文献述评

文献回顾表明，在网络食品交易场景下，商流、物流、信息流
较传统食品流通渠道的变化使得传统的食品安全监管模式面临着挑
战。从公开发表的网购食品安全监管领域的论文来看，或许是由于
篇幅限制，有的文章偏重于监管制度，有的文章聚焦于监管主体，
其他的主要探讨监管手段，尚未实现制度、主体和手段的协调和匹
配，无法构成前文所界定的系统的监管体系。特别是在强调第三方
平台的食品安全责任和义务的情况下，现有的监管制度是否存在不
明确和不合理之处？如何科学合理地界定政府和平台的职责，进而
提高食品安全监管的效率？如何将数字技术应用到食品安全监管之
中？这些问题都需要从理论和实践两方面进一步深入探讨，从而给
出完善网购食品安全监管体系的整体解决方案。

除了致力于系统地完善网购食品安全监管体系，本报告在内容
上与所述文献的不同之处在于：①将网购食品安全问题理论化并据
以得出相应的分析重点；②在剖析了网购食品安全监管制度的基础
上，从监管主体、监管工具、监管效率三个维度，指出了网购食品
安全监管所存在的问题；③分析了第三方平台的经营本质，并结合
相关的理论和实践，分析了第三方平台参与食品安全监管中的现状；
④对网购消费者参与食品安全监管的现状进行了分析，并基于内容

分析法，展示了应当如何发挥消费者在线负面评论对网购食品安全监管的决策支持作用的一个示例；⑤以网络订餐食品安全预警系统为例，介绍了一个"信息技术+协同监管"的网购食品安全监管创新范例，并实证检验了该系统的运行绩效。

四、理论视角下的网购食品安全问题

对食品安全问题涉及的理论进行简要梳理，有助于揭示网购食品安全问题频发的根本原因，明晰网购食品安全问题的本质，并根据基本理论得出相应的解决办法。依据现有文献和课题组的归纳整理，食品安全问题涉及的理论主要有市场失灵理论、政府失灵理论和交易费用理论。

（一）市场失灵理论

新古典理论基于完全竞争市场的假设，认为价格机制可以实现资源配置的帕累托效率。然而，现实经济中存在的垄断、外部性、公共物品和信息不对称等状况不符合完全竞争市场的假设，导致了市场失灵（market failure），资源配置偏离了帕累托效率。

网络食品交易过程中存在着较高的信息不对称，有效信息的缺失导致消费者难以区分不同食品的安全水平，从而限制了消费者的有效决策。纳尔逊（Nelson，1970）将产品的特征（qualities）区分为搜寻特征（search qualities）和体验特征（experience qualities）。搜寻特征是指消费者在购买前就可以识别的特征，而体验特征是指消费者在购买后可以辨明的特征。达尔比和卡尔尼（Darby and

Karni，1973）在 Nelson（1970）的基础上，给出了产品的第三种特征——信任特征（credence qualities），即消费者在购买后仍难以辨明的特征。现代农业和食品加工技术的发展在提高了食品生产效率的同时，也提高了食品安全的信任特征，即对于个体消费者来说，知晓所消费食品的安全水平的边际成本很高（检验检测费用高于食品价格）。同时，相较于线下渠道的食品购买，消费者在线上购买生鲜食品时无法直接接触实物，不能凭借视觉、嗅觉、触觉等感官判断食品的新鲜度；线上购买包装食品时消费者也无法像在实体商店中一样仔细阅读食品外包装上的保质期、生产日期和产品成分等信息。线上购买食品时消费者根据商家展示信息（图片、视频等）和口碑（买家评论）等信息做出购买决策，因此商家的选择性展示甚至虚假宣传、刷单炒信等行为有利可图，上述现象在网络食品交易过程中普遍存在。网络食品市场上供给方和需求方之间较高信息不对称很可能导致逆向选择（Akerlof，1970）和过度衡量（Barzel，1982）的后果。

解决机制方面，Darby and Karni（1973）认为品牌、评估机构和客户关系是监督产品信任特征的有力工具。阿克洛夫（Akerlof，1970）给出了三种解决机制：产品保修书、产品品牌和产品许可。

（二）政府失灵理论

政府失灵理论衍生于公共选择理论。早期的政府失灵概念源于沃尔夫（Wolf，1979），此后麦克莱恩（Maclean，1987）、沃尔夫（Wolf，1988）、米勒（Mueller，1989）从不同的角度丰富了政府失灵的理论体系。格兰德（Grand，1991）对政府失灵理论进行了系统综述，给出了相对完整的分析框架，结论是规定、补贴和监管等政府活动可能导致一系列关乎效率和公平的问题。

政府失灵理论认为：即便政府行为的出发点是好的，但结果往往是深化市场失灵，低效率的政府干预可能导致资源浪费或产生新的非效率。在网购食品安全监管过程中主要存在三方面的政府失灵的诱因。第一，监管俘获（regulation capture），即政府袒护生产者的情形（Stigler，1971）。网络食品零售业务跨越了行政区划，地方政府领导下的食品安全监管机构往往出于保护当地产业的动机而降低对食品生产者的监管力度。网络餐饮外卖一般在3到5千米的范围内经营，食品安全监管部门同样出于保护辖区内商业企业的动机而减轻对餐饮经营者的监督。第二，政策短视（policy myopia），即政府官员倾向于采用期限短、见效快的政策措施来解决问题，而不是寻求长期的根治办法。中国的食品安全监管以专项整治运动为鲜明特征（刘鹏，2015）。在网购食品安全监管中，监管机构往往在媒体曝光、网民声讨时发起专项整治运动，试图平息短期的舆论压力，而不是建立长期有效的常态化、可持续监管机制。第三，不完全信息下的政府决策。科学合理的食品安全监管决策需要建立在对信息的准确掌握基础上。政府为获取信任特征日益提升的食品安全信息需要付出同私人部门相当的信息成本，而在网络食品交易平台采取严格的信息保密制度下，部分监管机构甚至不清楚哪些市场主体开展了网络食品经营业务，更无法获悉网络食品交易的数量、品类、金额等基本信息。因而监管机构难以合理配置监管资源。

政府失灵理论的启示在于：提升网络食品安全监管效率需要建立在充分信息、成本—收益分析、常态化监管基础之上。

（三）交易费用理论

交易费用理论属于新制度经济学的分析范式。阿罗（Arrow，1969）认为交易费用是运用市场机制的成本，包括事前成本（合约的起草和谈判）和事后成本（合约的监督和执行）（Coase，1937）。此后的经济学家进一步丰富了交易费用的内涵。威廉姆森（Williamson，1979）强调机会主义行为（opportunistic behaviour）的成本，施蒂格勒（Stigler，1961）注重分析信息获取成本，阿尔奇安和德姆塞茨（Alchian and Demsetz，1972）强调生产环节不同投入的协调成本，巴泽尔（Barzel，1982）重点关注衡量成本（measurement cost）。网络食品交易的供应链涉及众多经济主体的分工和合作（图1-2和图1-3）。交易费用理论基于有限理性和机会主义两个行为假设，从不确定性和资产专用性两个维度来考察市场交易，对网购食品安全问题具有一定的解释力。

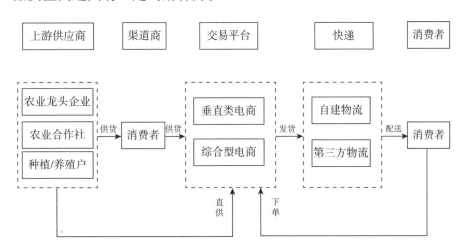

图1-2　网络零售食品供应链

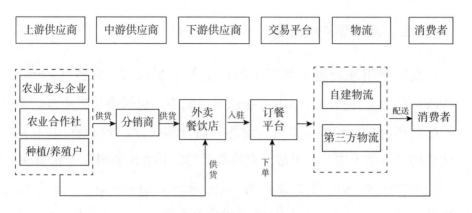

图 1-3 网络订餐食品供应链

有限理性是指经济主体的认知能力、信息处理能力具有局限性，在不确定的交易环境下难以做出最优的决策。首先是环境不确定性。在网络食品交易过程中，食品卖家或电商平台往往需要同上下游相关企业签订一系列合约。由于市场主体的有限理性，先前签订的合约难以将可能出现的环境变动考虑详尽。若要抵消未预期到的环境变动对食品安全造成的负面影响，合约双方需要承担调整成本或重新协商的成本。其次是行为不确定性。在网络食品交易的情境下，食品卖家或电商平台衡量上游供应商或物流配送方的食品安全控制效果需要付出较高的衡量成本，甚至不能获取相关信息，因而很难有效评估上游供应商或物流配送方对所签订合约中食品安全条款的执行情况。

机会主义是指"狡猾地寻求自身利益"，包括隐瞒、欺骗和其他不易察觉的违背合约的行为（Williamson，1985）。在网络食品交易的情境下，加工、卫生、仓储、运输、配送等环节的工作人员的食品安全操作技能可以看作专用型资产——供应链上工作人员的食品安全操作技能需要不同类型企业投入一定的教育培训费用。由于上述工作人员的流动性较高（尤其是清洁、快递和送餐人员），企业对专用型资产——食品安全操作技能的教育培训的投入低于正常水平，提高了网购食品供应链上的食品安全风险。

交易费用理论提出了市场制、混合制和层级制等一系列正式和非正式的治理结构，正式的治理结构包括契约条款和股权安排等内容，非正式的治理结构包括企业联盟和信息共享等内容。

（四）理论启示

市场失灵理论、政府失灵理论和交易费用理论从不同的视角揭示了网购食品安全问题频发的根本原因，对网购食品安全监管体系的研究主要有两方面的重要启示。第一，网络食品交易的市场失灵意味着政府不宜采取自由放任的立场，而食品安全监管的政府失灵意味着命令和控制型的干预政策难以实现监管资源的高效利用甚至产生新的非效率，交易费用理论提出了治理食品安全问题的各种组织形式。可见，为了构建高效率、可持续的网购食品安全监管体系，必须实现行政手段和市场机制的合意平衡和有机结合。第二，信息是不容忽视的分析要点。消费者在食品安全信息方面相对于商家处于绝对劣势，若政府和平台能更好地向消费者提供不同商家的食品安全信息，可依靠消费者"用脚投票"的市场机制来抵制食品安全水平较低的卖家；政府和平台都拥有一定的食品安全信息，若将两者的信息通过适当的手段实现交流和共享，不仅可以大幅度减少与食品安全信息相关的重复性投入，进而降低信息搜寻、衡量等交易成本，也可以借助大数据、云计算、物联网、区块链、人工智能等技术手段实现智慧监管、精准监管。

五、研究重点及其选择逻辑

在商业实践越来越强调"线上线下融合"的背景下，网络交易中的食品商家许多都兼营实体业务和线上业务（《网络餐饮服务食品安全监督管理办法（2020年修订版）》明确要求网络餐饮外卖商户拥有实体餐馆），因此从食品安全监管客体来看，网络食品交易中的监管客体与监管部门日常监管对象在很大程度上是重叠的。本报告的目标不是对中国食品安全监管体系进行整体研究，而是分析在网络交易蓬勃发展的当下，如何将对网络交易中的食品商家的食品安全监管尽可能纳入中国现有的食品安全监管体制机制之内，在必要之处会提出网络交易情境下的食品安全监管需要现行监管体制和手段做出哪些调整。

在协同监管的视域下，网购食品安全监管体系强调政府、企业、社会组织和消费者等多方主体的共同参与，而《中华人民共和国食品安全法》以及《网络食品安全违法行为查处办法》《网络餐饮服务食品安全监督管理办法》等部门规章主要规定了市场监督管理部门的食品安全监管权力和第三方平台的食品安全监管义务。此外，根据本章第一节的有关分析，第三方平台的食品安全责任和义务的范围和边界需要更好地限定，这是一个理论意义和实践意义兼备的议题。因此，本报告依照现有的网购食品安全监管制度，将分析对象重点聚焦于市场监督管理部门和第三方平台，而对消费者在网络食品安全监管中的功能定位也进行了适当的探讨。

六、章节安排

本研究报告的内容分为六章。第一章的内容主要包括本报告的选题背景与研究意义、概念界定、研究现状与文献述评、理论基础、研究重点及其选择逻辑。第二章在分析网购食品安全监管的现状的基础上，按照监管主体、监管手段、监管效率三个维度，指出了网购食品安全监管所存在的问题，并结合有关案例归纳总结政府在网购食品安全监管方面的创新做法。第三章分析了第三方平台的经营本质，并结合相关的理论和实践，归纳总结了第三方平台食品安全自主治理和协同监管方面的进展。第四章对网购消费者参与食品安全监管的现状进行了分析，并基于内容分析法，展示了应当如何发挥消费者在线负面评论对网购食品安全监管的决策支持作用的一个示例。第五章以网络订餐为例，介绍了一个"信息技术+协同监管"的网购食品安全监管创新案例，并实证检验了该系统的运行绩效。第六章对报告的内容做了归纳和总结，给出了研究结论和政策建议。另外，附录"网络订餐食品安全评价指标模型——专家主导"，主要是展示专家经验在食品安全监管中的作用，以突显网购食品安全监管体系是多方参与的社会共治体系。

第二章

网购食品安全监管的现状、问题与政府监管创新

　　遵循第一章给出的网购食品安全监管体系的定义以及本报告的研究重点，本章首先回顾了《食品安全法》以及食品安全监管机构颁布的部门规章对网购食品安全监管的有关规定，分析了监管制度框架的有待完善之处。在简要介绍政府部门日常的监管工具——专项整治行动的基础之上，从监管主体、监管工具、监管效率三个维度，指出了目前网购食品安全监管存在的突出问题。同时，近年来网购食品安全监管在实践中出现了一些新变化。从监管主体的维度来看，除了政府部门采取了一些创新举措外，第三方平台也在一定范围内起到了监管作用。作为公共管理部门，政府以创新方式监管食品行业的新模式、新业态是其本职工作，而第三方平台兼具私人属性和公共属性，对其监管范围需要慎重地论证。因而从章节安排上，本章先是结合相关案例对政府的监管创新进行了归纳总结，而对于第三方平台参与网购食品安全监管的分析将单独放在第三章。

一、监管制度框架及有待完善之处

《食品安全法》（2018 年修正）第 62 条规定了第三方平台的食品安全义务：在市场准入阶段，第三方平台应该对入网食品经营者进行实名登记并审查许可证等资质信息；在日常经营阶段，若第三方平台发现入网食品经营者的食品安全违法行为，视其严重程度相应地负有制止、报告、下线问题商家的义务。作为食品安全监管的负责部门，原国家食品药品监督管理总局制定了《网络食品安全违法行为查处办法》（以下简称《查处办法》）、《网络餐饮服务食品安全监督管理办法》两部部门规章，细化了第三方平台的食品安全义务。《网络食品安全违法行为查处办法》规定：第三方平台对网络食品安全信息的真实性负责，对入网经营者的身份证号码、住址、联系方式、经营资质等信息进行登记和审查，如实记录并及时更新；同时，第三方平台应当设置专门的食品安全管理机构或者指定专职食品安全管理人员，对平台上的食品经营行为及信息进行监控，发现食品安全违法行为时负有制止和及时报告的义务。《网络餐饮服务食品安全监督管理办法》除了在第四条规定入网餐饮服务提供者应当具有实体经营门店并依法取得食品经营许可证以外，对网络订餐平台的食品安全义务也做出了类似于《查处办法》的规定。2020 年11 月 3 日，国家市场监督管理总局公布《网络餐饮服务食品安全监督管理办法（2020 年修订版）》（以下简称《管理办法》）。《管理办法》对原国家食品药品监管总局 2017 年 9 月 5 日制定的《网络餐饮服务食品安全监督管理办法》进行了修改。该办法对网络平台责任落实、商家入驻资质、餐饮食品安全、送餐人员规范以及各方责任与义务进行了规定。此次修改突出了平台和入网餐饮服务提供者的责任内容，其中网络餐饮服务第三方平台提供者需要履行审查登记并公示入网餐饮服务提供者的许可信息等义务，入网餐饮服务提供者需要履行公示信息、制定和实施原料控制、严格加工过程控制、定期维护设施设备等义务。《管理办法》明确"线上线下一致"原则，入网餐饮服务提供者应当具有实体经营门店并依法取得食品经营许可证，按照食品经营许可证载明的主体业态、经营项目从事经营活动，不得超范围经营。同时，网络餐饮服务第三方平台提供者应当对入网餐饮服务提供者的食品经营许可证进行审查，保证入网餐饮服务提供者食品经营许可证载明的经营场所等许可信息真实。入网餐饮服务提供者应当在自己的加工操作区内加工食品，不得将订单委托其他食品经营者加工制作。网络销售的餐饮食品应当与实体店销售的餐饮食品质量安全保持一致。

从内容上来看，网购食品安全监管的制度框架主要强调了第三方平台的责任和义务，可将其简要概述为：①在市场准入阶段，第三方平台要确保入网经营者具有相应资质，拒绝不具有资质的经营者的入网申请；②在日常经营阶段，第三方平台要负责监控入网经营者的食品安全行为，发现不合法的食品安全行为时要向监管部门报告；③若第三方平台未履行上述义务，则需承担相应的责任。虽然上述正式制度框架强调的"以网管网"（第三方平台负责规制平台上的经营行为）的监管模式强化了第三方平台的义务，但却对第三方平台的实际能力考虑不足，因此实际的规制效果不甚理想。

汇聚供需信息和撮合交易是第三方平台经营的实质。第三方平台的一端连接着海量的商品或服务的供给方，另一端则连接着潜在的需求方。借助信息技术的批量信息处理功能，相较于人工处理，第三方平台有着明显的成本优势。但是作为交易的"第三方"，其很少接触实体的商家及其商品或服务，因此第三方平台履行正式制度框架所规定的食品安全义务的能力不足，网络食品交易中反复出现的乱象也印证了其不良效果。究其原因：①在市场准入阶段，虽然第三方平台纷纷出台了准入制度，要求申请者上传身份信息、经营地址、许可证照等资料，但第三方平台由于成本约束，往往只能进行表面审查，而实际上不具备实地审查资料真实性的能力。其中，一些不法经营者通过办理假证照而入驻平台，这又反映了食品安全监管部门未向平台开放商户资质信息验证接口的问题。以笔者对 M 订餐平台的实地访谈为例，平台的有关负责人员表示，"比方说 B 市，商户资质信息的共享问题，需要公司逐个行政区去协商，还要签署协议，这对公司来说是一件十分费时费力的事情；而即使某个行政区的资质信息验证接口得以打通，也存在部分商户借用他人证照入驻平台的现象"。由此可见，在市场准入阶段，第三方平台对商户相关信息的真实性的审核能力不足。②在日常经营阶段，第三方平台主要是依据消费者对于食品的售后评价和投诉举报等信息，对经营者的食品安全行为进行监控。比如，美团外卖开发了餐厅市民评价大数据系统，通过分析消费者在线发布的就餐评价识别出食品安全风险较高的餐厅，并通报给监管部门作为监管决策依据。但是，"刷单炒信"行为的屡禁不止影响了该评价系统的准确性（李雨洁和李苑凌，2015）；同时，在现代农业、食品技术日益复杂化的背景下，食品安全已经越来越成为一种信任特征（Darby & Karni，

1973），需要食品领域的公正、专业的评价主体对不同经营者的食品安全水平做出更加科学的评价，而第三方平台明显缺少这种能力。

虽然上文指出了《食品安全法》《网络食品安全违法行为查处办法》《网络餐饮服务食品安全监督管理办法》等监管制度存在不明确和不合理之处，但本文认为网络交易中食品安全的监管更多的是一个实践问题，而较少是一个制度问题。面对技术手段的不断更迭和网络生态的日益复杂，制度变迁由于其固有的路径依赖特征（North，1990），以及法律法规的出台和修订需要历经漫长的程序，要求监管制度持续跟上产业实践在许多时候是不现实的。对网购食品安全监管的研究，更多应是从监管实践出发，以监管工作取得的成效和不足为经验，通过不断创新监管模式，找到高效的监管手段，最终才能改善监管制度。目前的监管制度看似存在较多不明确的地方，实际上可能反映了立法机构和监管部门有意识地给监管工作留有充足的自主空间去进行尝试。

二、日常的监管工具——专项整治行动

由于网购食品安全监管的制度框架在市场准入和日常经营阶段存在漏洞，在市场准入阶段，一些无资质的黑作坊通过办假证、借用证照等方式入驻交易平台；在日常经营阶段，劣质食材、卫生条件不合格等乱象屡禁不止。目前政府部门主要以"运动式"治理作为对上述问题的回应，具体表现为一系列的专项整治行动。正如刘鹏（2015）指出，频繁发动各种类型的专项整治行动是中国政府执行监管职能的鲜明特征，而网络食品安全监管中也沿袭了此种传统。

对于政府采取专项整治行动作为网购食品安全监管的日常工具的原因，颜海娜和于静（2018）以新制度主义的视角给出了合理的解释。而本文在此处关注的重点在于：专项整治的特征和效果如何？过往的专项整治行动的进展过程呈现出一定的规律性。首先，媒体曝光、公众关注引起上级领导重视并下达指示；接着，相关部门下发行动文件，对专项整治做出详细部署；基层监管单位收到上级指令后，在短期内加大现场检查力度；检查结束后，汇总并上报数据，进行整治成果验收。由此可见，专项整治行动是政府在短期内动员各种行政资源，期待以"短、平、快"的方式解决治理问题并回应公众和舆论关切的监管工具（Liu et al., 2015），突击性、应急性是其本质特征，而不是一种常规化、常态化的可持续型监管手段。

在实际工作中，专项整治不仅对基层监管单位的常规监管产生了挤出效应，一些专项整治甚至异化为"纸上行动"，因而实际的监管效果不甚理想。①压力型的行政体制下，基层人员优先执行上级部门下达的各类专项整治任务，因此日常进行的定期检查和随机检查的质量大打折扣。以外卖餐饮店的日常检查为例，笔者通过对 B 市某食药所的调研了解到，对一家商户进行详细检查平均要耗时接近 30 分钟。基层工作人员在完成其他工作之余，每天最多对 5 家商户进行高质量的现场检查。而在专项整治任务接踵而至之时，每天承担着检查几百家商户的任务，对检查质量造成了严重的负面影响。②面对时间短、任务重、考核严的现实，一些基层人员敷衍了事，甚至让商户自行填写评价量表。专项整治行动的通报遵循的体例通常为"监管机构出动了多少人次、检查了多少户商家、取缔了多少无资质商家、罚款多少"，一些专项整治实际上是应付和取悦上级的

形式主义。③从监管效果来看，网络食品安全治理陷入"专项整治
—好转—反弹—再整治—再反弹"循环往复的困境。究其原因，突
发性、应急性的专项整治助长了部分监管对象的投机和侥幸心理，
常态化监管制度的缺位导致无法对生产经营者形成持续性的监测和
控制。

三、网购食品安全监管的突出问题

结合以上对网购食品安全监管制度框架以及日常监管工具的分
析，可以发现目前网购食品安全监管存在三方面的突出问题。

监管主体单一。网购食品安全监管未形成多方利益相关主体协
同参与的局面。虽然监管制度框架规定了第三方平台的食品安全义
务，但对第三方平台的意愿和能力考虑不足，因而第三方平台未被
有效纳入网络食品安全监管体系之中。鉴于监管制度缺陷和问题的
反复出现，政府以专项整治行动做出应对。在专项整治过程中，政
府占据绝对的权威和主导地位，治理目标的确立、治理任务的下达、
治理流程的安排、治理绩效的评估以及治理成果的验收等都由政府
大包大揽。市场力量方面，虽然部分市场主体逐渐意识到自制自律、
诚信经营、优质安全的重要性，但市场环境有待净化，对市场力量
需要予以引导、鼓励和支持。社会力量方面，由于"强国家—弱社
会"的整体结构，社会力量的培育以及参与不足。面对网络食品交
易带来的许多增量监管任务，食品安全监管机构仍采取自身相对固
定的存量监管资源来应对，却没有调动多方主体的协同参与，往往
会陷入困境。

监管工具落后。专项整治行动反映了监管部门的政策短视（policy myopia），即政府官员倾向于采用期限短、见效快的"治标"政策措施来解决问题，而不是寻求长期有效的"治本"办法。在网购食品安全监管中，监管机构往往在媒体曝光、民众关注时开展专项整治运动，以求平息短期的舆论压力，这种事后监管常常寄希望于行政处罚能有效遏制食品安全问题。由于网络食品交易具有单次交易金额小、交易次数多的特点，即使专项整治能发现一些问题并给予处罚，但处罚力度也不会很大，常态化监管手段的缺位背景下，或有的轻度处罚难以对生产经营者形成持续、有效的威慑（Stigler，1970）。而经合组织国家的食品安全监管经验表明，风险分析和食品安全预警等事前预防措施、声誉机制等市场化手段都有着良好的监管效果，中国政府也需要逐步扩展食品安全监管的规制工具组合。特别是在网络信息技术日益发展和普及的背景下，监管机构仍较多地采取人工形式的网上监测，而对适应网络交易和数字时代的专业信息系统或平台的应用不足。

监管效率较低。高效、科学的监管需要建立在对食品安全信息的准确掌握基础上，方能提高监管资源的配置效率。一方面，食品安全监管部门的公务员的编制数量有限，基层巡查员、协管员的专业知识和能力有待提升，再加上繁重的专项整治任务分散了工作人员的有限精力，导致对生产经营者的现场检查的质量不高，影响了监管部门对不同市场主体的食品安全动态状况的掌握。另一方面，监管部门与第三方平台、消费者等市场和社会主体的信息交流和共享不是很充分，仅凭行政系统的单方面数据难以知悉市场动态，部分监管单位甚至不清楚辖区内哪些市场主体开展了网络食品经营业务，以及网络食品交易的数量、品类等基本信息。由于信息来源的局限性，监管部门难以做到精确监管、分类监管，致使监管效率较为低下。

四、政府监管创新

对于网络食品零售、网络餐饮外卖中频发的食品安全问题，尽管监管制度在不断完善，但往往难以跟得上业态创新的步伐并对持续涌现的新问题进行及时回应。通过梳理官方媒体的新闻报道可发现，为应对网络交易中出现的食品安全问题，各级政府部门近年来进行了一些监管方面的创新，主要内容包括：以科技手段实现智慧化监管、以公益诉讼助力消费者维权、以出台标准推动流程规范化。

（一）以科技手段实现智慧化监管

由于以下三方面的原因，上海、深圳等一线城市近几年正致力于以科技手段实现食品安全的智慧化监管：第一，网络餐饮外卖、食品直播带货等新业态、新模式的持续涌现给监管部门带来了新的挑战，"用脚跑""现场看"的传统监管手段与日益复杂的市场环境越来越不适应，监管手段和方式相对滞后。第二，市场主体快速增长与监管力量不足的矛盾十分突出，监管业务线条多、监管对象基数大已成为监管常态，传统的"人海战术"已无法适应当前新的监管形势。例如，深圳市持证经营的食品生产经营单位超过 40 万家①，

---

① 深圳新闻网. 食品安全"互联网+监管"系统发布 深圳建设先行示范区再出"新动作"［EB/OL］. 深圳新闻网，2020-01-02.

上海市闵行区共有涉及食品经营的市场主体 2.4 万家①，但两地的监管人员在数量上却几乎没有增加，基层监管压力大、监管任务十分艰巨。第三，随着对美好生活需要的日益增长，人民群众对食品的安全、健康和品质提出了越来越高的要求，而目前网络交易中出现的食品安全问题常常受到公众的广泛关注，民众对食品的安全品质诉求越来越强烈。在此背景下，经济发达地区的监管部门正在率先迈出食品安全智慧化监管的步伐。本节以上海市闵行区和深圳市的食品安全智慧监管为例，归纳出目前科技手段运用到食品安全监管之中的方式。

1. 上海市闵行区食品安全智慧监管的案例介绍②

上海市闵行区市场监管局积极探索智慧监管，运用大数据、人工智能等科技手段赋能监管服务，建成"智慧监管·云中心"。据介绍，闵行区市场监督管理局依托上海"智慧城市"建设，于 2018 年6 月开工建设"智慧监管·云中心"项目，2019 年 4 月正式上线，包含"一个中心""九个系统"：即应急指挥中心、主体信息系统、综合监管系统、远程监控系统、智能预警系统、投诉举报系统、稽查办案系统、数据分析系统、效能评价系统和社会共治系统。立足"人在做、天在看、数在转、云在算"的全新监管理念，该中心对内整合了上海市一网通办、事中事后监管、企业公示、案件处罚等各类系统，综合采用多种数字技术，建设"源头可溯、全程可控、风险可防、责任可究、绩效可评、公众可查、精准洞察"的市场监管

---

① 上海闵行："智慧监管·云中心"打造科技密集型监管新机制［N］. 中国经济导报，2020-10-09.

② 上海市闵行区市场监管局. 第四届中国"互联网+"食品安全论坛发言摘要［N］. 中国市场监管报，2019-07-09.

体系。

通过智慧手段科学规范执法程序、执法流程，该系统进一步规范了执法干部的行为，营造了良好市场环境。"云中心"系统开发建设了大屏端、电脑 PC 端和移动监管手机 App 端，并为基层监管干部配备了 4G 执法记录仪、便携式打印机等移动装备。大屏端可以实时查看执法人员、执法车辆的动态位置信息，并能与执法现场进行通话连线和实时指挥；电脑端可以对监管任务进行实时跟踪；监管干部则通过手机端完成监管任务从接收到处置的全过程。监管任务的全过程通过在"云中心"不同界面之间的随时切换，实现了对"业务流程"的再造，运用数据的流动实现"在线监管"。案件管理全过程只需二维码"扫一扫"。除了对监管任务的全过程留痕可查外，对于因涉嫌违法立案调查的案件管理，"云中心"系统引入了二维码，从案件线索开始即生成独一无二的二维码，让办案人员、核审部门一扫即知案件办理进度等情况。在餐饮后厨环节，云中心系统利用远程监控和人工智能预警分析，实现异常情况的精准捕捉并形成风险预警信息，增强了对食品安全问题的靶向监管。

闵行区市场监管局还与美团集团在前期合作的基础上，签订了"战略合作框架协议"，将充分依托美团集团建立的天眼新技术平台，对市场监管部门提供的诸如"不卫生""送餐慢""异味"等差评集中的关键词，定期在消费者评价数据里进行自动搜索和人工搜索，将监管预警信息推送到该区市场局的"智慧监管·云中心"。市场监管部门约谈负面评价集中的商户负责人，开展有针对性的监督抽检和专项检查，从源头守护市民的食品安全。

2. 深圳市食品安全智慧监管的案例介绍①

深圳市以"互联网+监管"系统的建设为抓手，推动食品安全智慧化监管。据介绍，自2018年实施食品安全战略以来，深圳着力打造国内领先、国际一流、市民满意的食品安全城市，积极建设"互联网+明厨亮灶"和"阳光智慧餐饮信息公示系统"等重点项目。2018年底完成全市11627家餐饮单位"互联网+明厨亮灶"建设；建成覆盖市、区、所三级的市场监管智能管控中心；2019年初完成"互联网+明厨亮灶"智能巡检等系统开发；搭建"互联网+智慧监管"平台，并率先在盐田、大鹏两区试点运行。经过两年的探索实践，深圳市食品安全"互联网+"监管体系已经取得了一些实实在在的成果，食品安全"互联网+"监管的有效运作，形成了政府、企业、社会"共治共享共赢"的有利局面。目前，围绕"智慧监管"和"社会共治"两个核心理念，深圳市市场监管局已初步建立了集"监管部门+经营主体+消费者"三位需求于一体的食品安全新模式，实现信息互通、监管互动、资源共享。为食品安全监管工作提质增效，为食品经营企业提供便捷服务，为广大消费者畅通监督渠道。

（1）开发"互联网+明厨亮灶"2.0版本 线上巡查餐饮单位

深圳市市场监管局通过"互联网+明厨亮灶"，把后厨全部亮相给市民，让老百姓一同参与食品安全建设中来。据介绍，2018年，深圳市市场监管局组织实施"互联网+明厨亮灶"工程，最初是以学校食堂和200平方米以上餐饮单位为建设对象，在食品经营单位

---

① 深圳新闻网. 食品安全"互联网+监管"系统发布 深圳建设先行示范区再出"新动作"［EB/OL］. 深圳新闻网，2020-01-02.

的 5 个重点区域安装视频监控，通过互联网采集监控信号，2018 年底已完成共计 11627 家接入市场监管智能指挥中心，实现食品加工过程的实时监管。

2019 年初，结合"深圳市智慧食品安全监管平台"建设，深圳市市场监管局部署开发"互联网+明厨亮灶"智能巡检系统，即打造"互联网+明厨亮灶"2.0 版本，探索"线上巡查—线下提升"智慧监管模式。具体操作如下：监管人员运用后厨视频智能巡检系统对全市"互联网+明厨亮灶"的视频监控画面进行抽样抓拍，再通过人工识别或 AI 人工智能识别，对违规行为实现线上远程监管、整改任务跟进；经营主体可通过系统完成对整改任务的接收及报送，从而实现食品安全日常监管向无纸化、智慧化的转变。

2019 年 6 月，"互联网+明厨亮灶"智能巡检系统在盐田、福田试点运行。截止到 2019 年年底，累计启动巡检任务 41 次，完成线上巡查餐饮单位 328 家，审查视频抓拍图片 3458 张；发现违规行为283 次，涉及餐饮单位 120 家，企业违规率 36.6%；生成巡检任务1223 次，整改完成率 85.5%。"互联网+监管"初见成效，监管效率有力提升，平均 9 秒即可完成一张图片审核，足不出户完成巡查监管；实现信息互动，将监管部门和经营主体进行有效连接；改变传统工作方式，减少烦冗的纸质文书录入，实现移动监管信息阳光化。

（2）"移动监管 App"辅助线下执法

除"互联网+明厨亮灶"的线上监管外，深圳市市场监管局还开发"移动监管 App"。该 App 以监管任务执行的高效化、便利化为主旨，通过"点一点""定一定""拍一拍""扫一扫""算一算"等功能，可减少数据整理、录入等操作流程，实现监管任务"指尖操作一键发布""监管任务一次完成",进一步提升监管效能,任务处理全程可通过手机完成。据深圳市市场监管局相关工作负责人介绍,后续日常监管中将逐渐应用该"移动监管 App",特别是在"星期三查餐厅"等透明执法行动中应用,针对餐饮单位 9 种常见违规场景,执法人员可以把后厨的检查情况通过手机 App 录入系统,形成一次完整的检查。这些资料会归集到相关餐饮单位的档案,形成一个完整的企业档案,并以餐桌二维码的方式与市民见面,市民只要扫扫二维码,企业食品安全信息便可一览无余。

(3)15 万家餐饮单位实现"桌贴扫码",食品安全信息"市民可查"

2019 年底前,深圳市市场监管局全面推进"扫码看餐饮单位"信息公示。通过充分发挥大数据优势,归集企业资质、证照、监管、食材抽检、立案查处等信息,对企业画像,建立"一户一档",制作二维码桌贴并在餐饮单位餐桌显著位置张贴,消费者通过扫码即可看餐饮单位食品安全信息。进一步拓宽了社会监督渠道,让食品安全"可检验、可评判、可感知"。

深圳市市场监管局有关工作负责人表示,目前深圳已有 15 万家餐饮单位实现"扫码看餐饮单位",食品安全信息"阳光可查",后续也将覆盖到所有餐饮单位。同时,消费者可以通过任何具有扫码功能的软件,扫一扫餐饮单位桌贴、海报上的二维码,便可进入信息公示系统,了解餐饮单位的食品安全量化等级、证照信息、从业人员健康信息、后厨食品加工制作全过程及食品抽检情况等。

此外,通过扫码进入信息公示系统后,消费者还可以对经营单位的安全状况、消费服务等情况进行评价,督促企业诚信规范经营。

后续将扩大信息公示范围，深圳市市场监管局将推出"市场通App"，覆盖市场监管各条业务线，进一步提升市民参与感、获得感。

3. 科技手段实现智慧化监管的经验总结

第一，在监管上提效能，从散射监管到靶向监管。通过云中心大数据管理实现对食品安全问题的精准诊断和趋势预测；从人海战术到智慧战术，探索运用物联网传感技术和人工智能手段实现机器助人；从事中事后监管到事前预测研判，基于上述物联网传感技术和人工智能技术的应用生成风险预警系统；结合线下执法和线上执法，应用 PC 端系统和 App 实时点控，以数据多跑动推动执法工作更有效。

第二，在强化主体责任上，进一步推动政府和企业共治共管。在传统监管模式下，政府与企业之间存在一些"隔阂"，如何打破原有格局，搭建政府与企业的互信关系，让政府为企业当好"领航员"，是一个现实问题。比如，应用系统中的消费维权板块，汇集来自各类投诉举报平台的数据，形成投诉举报热力分析报告，定期推送给责任企业，促使企业主动增强责任意识。事实证明，目前一些重点领域的投诉举报量已经大幅度下降。

第三，智慧监管凝聚社会共治合力。"互联网+"时代的监管，必须注重开放、共享和共赢，整合政府的行政力量和企业技术力量，全方位守牢食品安全监管底线。不能仅是监管部门单打独斗，而要不断与各类高科技创新企业进行深入合作，取得实质成果，通过良好的政企互动，促使未来市场监管由能力密集型向科技密集型升级。

第四，食品安全监管过程中产生的海量数据，包括市场监管部门掌握的数据及其他部门掌握的数据。如果这些数据不能对平台、消费者和行业开放，智慧监管可能就不够智慧。简而言之，智慧监管基于数据治理，智慧监管需要多维的数据交互，政府数据开放是有效监管的新支点，通过数据开放可以有效提升治理能力。

智慧监管与传统监管本质上没有区别，传统监管强调用外部力量对市场进行干预，因为存在比较明显的信息不对称，所以一定要有一个机构进行监管，这种监管的有效性受技术、信息、资源和监管体制等因素的约束。智慧监管有两个特点：一是强调技术更新，主要是大数据技术和算法技术；二是体制更新，由监管部门单方面管控转向合作治理。在这一背景下，监管的核心问题是有效的数据供给。要想真正让监管部门、平台、从业者、经营者、消费者都能参与有效的风险管控，必须实现充分的信息共享，畅通信息交互通道。

在数据获取方面，从传统路径看，一是监管部门自主采集数据，二是在"互联网+"模式下平台掌握大量数据，三是行业协会和消费者个人通过多途径向监管者和风险监控者提供数据。政府其实是社会中最大的数据存储者、管理者。因此，离开政府数据的充分开放，智慧监管效果会大打折扣。实现"互联网+"智慧管理必须做到数据共享和开放，目前，政府数据开放尚存在一些问题。政府数据输出相对较少，数据无法变成公共资源回馈社会，政府内部各部门之间的数据也呈碎片化、孤岛化分布；数据失真，很多数据从源头上存在一些问题；存在数据过敏问题，一些真正有用的数据并没有开放。目前上海、贵阳等地建立大数据交易中心，数据开放的大门已经开启。

未来数据开放的解决路径主要包括以下五方面：一是保证数据有效性；二是部门数据应该有集成；三是数据开放平台的技术应有效、友好；四是数据互动，即根据市场需求，政府在数据供应方面不断进行互动和调整；五是从协同治理角度考虑数据开放。

（二）以公益诉讼助力消费者维权①

2020年6月29日，最高人民检察院部署全国检察机关"公益诉讼守护美好生活"专项监督活动，决定自2020年7月至2023年6月，开展为期三年的"公益诉讼守护美好生活"专项监督活动。其中，外卖包装材料安全、"网红代言""直播带货"等也在本次活动重点监督之列。

近年来，随着网络直播这一新兴业态的快速兴起，通过网红代言、直播带货的方式推销产品，成为不少厂家扩大销售、打造品牌的重要手段。尤其是对于食品来说，网络直播的现场性、互动性可以让消费者更为直观地"感受"到美食的诱惑，从而带动相关产品的销售，一些所谓的"网红"食品也趁势热销。尤其是在2020年疫情发生期间，人们线下消费受到很大影响，网络直播带货更成为很多农户、商家推销自己产品的有力工具。然而，在一片红火热闹的背后，直播带货也藏匿着诸多乱象。一些商家或发货时缺斤少两、以次充好，或揣着"能赚一笔是一笔"的想法，虚标商品售价却不重视产品品质，或虚假宣传、夸大保健食品功效，或模糊普通食品、保健食品和药品三者概念，而据国家市场监管总局此前发布的消息，

---

① 全国检察机关开展为期三年的"公益诉讼守护美好生活"专项监督活动［EB/OL］. 中华人民共和国最高人民检察院，2020-06-29.

有的直播主播销售的减肥食品甚至非法添加一些西药成分……这给消费者身体健康埋下了巨大的隐患。

面对这些侵权行为，个体消费者往往会面临取证难、诉讼成本高等诸多不利因素，大多在无奈之下只能放弃维权；即便偶有消费者维权成功，也仅具有个案意义，很难对带货的直播主播产生威慑警示作用。在这样的情况下，由具有专业优势的检察机关依法发出诉前检察建议、提起公益诉讼，显然有助于最大化地发挥司法的教育惩戒功能。同时，检察机关提起公益诉讼，也能够在个案之外警示那些"心术不正"的直播主播，反向促进网络直播带货行业规范发展。

据介绍，本次专项监督活动将重点聚焦食品药品安全领域公益损害突出问题，集中力量办理一批有影响的"硬骨头"案件，用足用好磋商、提出诉前检察建议、提起诉讼、支持起诉等手段，推动解决人民群众关切关注的公益损害问题，健全完善相关行业、领域治理体系，推动公益诉讼检察工作稳进提升。本次活动特别对外卖、直播等网络销售新业态涉及食品安全的问题高度关注，将主要对以下方面进行重点监管：第一，在线上销售不符合安全标准的食用农产品、食品的违法行为；第二，网络销售食品外卖包装材料不符合食品安全规定；第三，为网络食品经营提供平台服务的第三方平台未对入网食品经营者实行实名登记、许可证审查，或者对严重违法行为未履行报告、停止平台服务等义务；第四，"网红代言""直播带货"等网络销售新业态涉及食品安全及监管漏洞。

（三）以出台标准推动流程规范化①

2020 年 7 月 25 日，江苏南京市场监督管理局正式发布《餐饮外卖一次性封签使用规范》（下称《规范》）地方标准。《规范》对一次性封签的分类、材质、信息及使用都有明确规定。封签采用特殊材料制作，一旦开启，就无法恢复原状，降低了配送过程中污染的可能性。目前，南京绝大部分连锁餐饮品牌已经开始使用符合标准的外卖一次性封签。据介绍，外卖一次性封签是防止外送餐食外包装在运送过程中被人为拆启或意外破坏而采取的一次性封口包装件。目前，各地发生的外卖食品安全纠纷案，主要集中在配送环节上。在使用一次性封签后，可很大程度上确保外卖在配送环节的安全性，以保护消费者的食品安全。

外卖，属于链条长、环节多的行业。在餐品送到消费者手中之前，涉及原材料采购、餐厅加工制作、配送等多个环节，存在不少食品安全风险隐患。近年来，各地时有曝光外卖配送员偷吃、吐口水，外卖裸露、调包、有杂物等。配送过程中的食品污染问题，成为监管部门和广大市民的难点和痛点，也是引发消费纠纷的集中领域。其不仅令消费者利益受损，还由于证据锁定难度大，责任厘清相对困难，造成双方争议不休。

目前，市面上餐食包装形态及封签样式五花八门，此番南京市制定了一次性封签地方标准，对封签材质、分类、位置、使用方式进行了全面规范。这不仅为餐饮企业使用封签提供了规范，也令消

---

① 关于批准发布南京市地方标准《餐饮外卖一次性封签使用规范》的通告［EB/OL］. 南京市市场监督管理局，南京市知识产权局，2020-06-24.

费者更加放心。而且，封签上还可以加载包含食品安全追溯信息的二维码，实现一餐一码，也可以加载食品经营者品牌及相关信息标志等，达到信息可查、食材可追、加工可视、配送可控的目标。实现了全程追溯，消费者一扫即知，会对商家构成压力，倒逼其用心守护民众食品安全。同时，一次性封签的普及使用，亦有助于监管部门推进全链条监管。通过对封签上的二维码信息溯源，监管部门可以掌握外卖的全程制作、配送情况，一旦发生食品安全事件或消费纠纷，即可追溯倒查问题根源，判定责任归属、赔偿，问题严重者，依法追究法律责任。从用途、可操作性来讲，一次性封签的行业创新举措，或成为守住外卖食品安全的关键。

其实，早在 2019 年，辽宁省沈阳市市场监督管理局就联合美团、饿了么两大主流第三方网络订餐平台，送出第一张"食安封签"。沈阳市"食安封签"试点工作正式启动。2020 年 6 月，辽宁省暨沈阳市网络餐饮"食安封签"开始在全省投放。此外，上海、广州、杭州、南京等城市也都已相继试点推行"食安封签"。但也要看到，由于缺乏推动力和统一的标准，政策落地情况并不理想。尽管国家市场监管总局于 2019 年 6 月发布的《2019 网络市场监管专项行动（网剑行动）方案》，指出加强餐食配送过程管理，逐步推动外卖餐食封签，一些地方也出台实施网络订餐配送操作规范，但对经营者使用"外卖封签"均未做强制要求。这一次，南京市发布外卖封签使用规范，是对国家市场监管总局要求的贯彻落实和具体化，并对一次性封签的分类、材质、信息及使用都做出了详细规定，值得各地借鉴。

五、本章小结

本章首先分析了网购食品安全监管的法律法规构成的制度框架，指出其强调的"以网管网"模式对第三方平台责任的强化超过了适当限度，对第三方平台的实际意愿和能力考虑不足，因此实际的规制效果并不理想。针对制度缺陷下网络交易中频发的食品安全问题，目前政府部门主要以开展形形色色的专项整治行动作为应对手段，这也使得网购食品安全监管工作陷入"专项整治—好转—反弹—再整治—再反弹"循环往复的困境。据此，本章提出了目前网购食品安全监管主要存在监管主体单一、监管工具落后、监管效率低下三方面的问题。最后，本章结合相关案例对政府的监管创新进行了归纳总结，发现近几年的政府监管创新主要包括：以科技手段实现智慧化监管、以公益诉讼助力消费者维权、以出台标准推动流程规范化三方面。从范围来看，限于经济发展水平，智慧化监管主要出现在上海、深圳等一线城市，公益诉讼也仅是短期实施，标准化工作也仅在局部地区开展，可以期待这些政府监管创新未来能在更大范围内落地实施。

第三章

第三方平台参与食品安全监管的现状分析

本章依据守门员责任理论（theory of gatekeeper liability），在分析了第三方平台参与食品安全监管的便利、动力和能力的基础上，将第三方平台的食品安全监管实践划分为自主治理和协同监管两类，以实际案例介绍了一些第三方平台参与食品安全监管实践的具体做法，并总结了其取得的经验及面临的制约因素。

一、第三方平台参与食品安全监管的理论分析

第三方平台在食品交易过程中，起到的是聚集信息、匹配供需和撮合交易的作用（OECD, 2011）。在网络食品交易过程中，第三方平台经营的是信息，而非实物食品或餐饮服务，因而第三方平台属于食品安全的直接责任人——食品零售商和餐饮服务提供者之外的责任主体。要求直接责任人以外的第三方对违法行为的监控承担一定的义务，并对违反义务的行为承担法律责任这种做法在历史上便存在于很多法律体系之中。例如，普通法系国家一直有替代责任

（vicarious liability）和共同责任（contributory liability）的概念；大陆法系国家的立法也包括一些概括性的条款来规定相关主体的注意义务。在理论层面，倡导直接责任人以外的第三方对违法行为承担一定的控制责任也有理论依据，卡拉克曼（Kraakman，1986）系统阐述了强化第三方责任以控制违法行为的理由和条件，并将这种第三方责任形象地表述为"守门员责任"（gatekeeper liability）。虽然Kraakman（1986）的分析是围绕金融领域展开的，但其分析框架被认为亦广泛适用于互联网领域（Zittrain，2006；Nielsen，2016）。依据守门员责任理论，本节将分析：①第三方平台参与食品安全监管的便利，即第三方平台在控制食品安全违法行为时相较于政府部门有着更为方便的手段，这也是强化第三方平台责任的理由；②第三方平台参与食品安全监管的前提条件，也就是其动力和能力。

（一）第三方平台参与食品安全监管的便利

网络食品交易持续不间断地进行、大量交易活动跨越了行政管辖区等因素给监管部门的执法带来了很大的挑战。相较而言，第三方平台在控制食品安全违法行为时拥有更为便利的手段，这种便利体现在技术和流程两方面。

技术方面，第三方平台拥有强大的技术手段去约束入驻商家的行为。毕竟，交易需要经由第三方平台的网站或软件进行，则第三方平台可以通过编程和代码对交易行为进行约束和规范。例如，当某类食品的安全隐患较大时，第三方平台可以通过后台操作将此类食品的信息屏蔽或过滤，迅速地把此类食品下架，从而中断了问题食品的流通。

流程方面，在监管部门直接执法的情况下，它既要在实体上论证相关证据和法律依据的充分性，又要在程序上履行一系列告知、听取陈述申辩等正当程序的基本要求，还可能承担被当事人复议、起诉等一系列法律成本（赵鹏，2017）。然而，第三方平台对入驻商家的控制，本质上是依据用户协议的私人行为或私下解决，第三方平台还可以通过修订用户协议从而赋予自身更大的裁量空间。比如，第三方平台可以通过制定严格的食品安全规则，依据食品安全问题的严重程度对入驻商家进行不同程度的惩罚，进而起到威慑食品安全违法行为的作用。以此看来，第三方平台控制在流程上相较于监管部门直接执法更为便利。

（二）第三方平台参与食品安全监管的动力

在人民对美好生活的需要日益增长的背景下，市场竞争也从规模和价格逐渐转变为质量和服务，市场主体有意愿和动力去通过优质安全的产品和服务建立竞争优势。对于第三方平台，由于其双边市场的特征，吸引更多的买方和卖方才能提升平台价值和影响力，因而平台要尽量平衡买方和卖方的利益。若卖方的食品安全问题普遍存在并危及买方利益，则平台就会流失大量用户，因此平台有意愿和动力去采取措施管控卖方的食品安全水平。特别是大部分交易集中在少数大型平台上的当下，为避免食品安全问题对自身形象带来的负面影响，参与食品安全监管也是第三方平台履行企业社会责任从而捍卫企业声誉的途径。当前，许多第三方平台面临着买方用户数量增速放缓的困境。例如，饿了么副总裁郭力表示，前些年全外卖行业的买方用户年均增速为90%，2018年减缓到60%，2019年进一步放缓至30%。在买方用户数量增速持续放缓的情境下，第三方平台的战略重心逐步转向卖方用户，近几年许多第三方平台在公开场合发布了深度介入卖方运营的方案，期望通过提升卖方质量来进一步释放买方的消费潜能。以上依据双边市场理论的分析表明，第三方平台有动力参与食品安全监管。在实际工作中，第三方平台已经针对食品安全问题进行了一些自主治理实践，本章第二节将对此做进一步介绍。

（三）第三方平台参与食品安全监管的能力

尽管第三方平台在技术和流程两方面拥有控制食品安全违法行为的便利，但是作为交易的中介，第三方平台很少接触实体的商家及其商品或服务，因此单纯地依靠第三方平台的食品安全自主治理无法彻底根除食品安全风险，网络食品交易中反复出现的乱象也印证了其能力的局限性。根据资源依赖理论（Emerson，1962；Pfeffer & Salancik，2003），任何组织不可能拥有实现其目标的一切资源，因而组织需要与外界进行合作和协调以获取组织的生存和发展所需的关键资源。在食品安全监管方面，第三方平台也面临着一些资源和能力上的不足。具体来看：①在市场准入阶段，虽然第三方平台纷纷制定了准入制度，要求申请者上传身份信息、经营地址、许可证照等资料，但平台往往只能进行表面审查，而实际上不具备审查资料真实性的能力。其中，一些不法经营者通过办理假证照而入驻平台，这又反映了食品安全监管部门未向平台开放商户资质信息验证接口的问题；而即使证照能通过食品安全监管部门的资质信息验证，也可能是商户借用他人的证照进行的虚假申请。例如，在《新京报》

的深度报道《黑作坊办假证挤进百度美团外卖推荐》① 中，详细记述了无资质的黑作坊通过 PS 虚假证照、借用他人证照而在几天的时间内上线经营的全过程，实际上此黑作坊的经营场所的环境卫生状况非常差，存在很大的食品安全隐患。由此可见，在市场准入阶段，平台对商户相关信息的真实性的审核能力不足。②在日常经营阶段，第三方平台主要是依据消费者对于食品的售后评价和投诉举报等信息，对经营者的食品安全行为进行监控。比如，美团外卖开发了餐厅市民评价大数据系统，通过分析消费者在线发布的就餐评价识别出食品安全风险较高的餐厅，并通报给监管部门作为监管决策依据。但是，"刷好评"屡禁不止影响了该评价系统的准确性（李雨洁和李苑凌，2015）；同时，在现代农业、食品技术日益复杂化的背景下，食品安全已经越来越成为一种信任特征（Darby & Karni，1973），仅凭消费者的售后评价和投诉举报难以客观地、全面地评判不同卖方的食品安全水平，第三方平台的监管实践显然离不开政府部门和检验机构等食品领域的公正、专业的评价主体的参与。

以上分析表明，尽管第三方平台参与食品安全监管拥有一定的便利，也存在着参与食品安全监管的动力，但其食品安全监管资源和能力有着一定的局限性，需要同政府部门等相关主体进行合作和协调，即实现政府和第三方平台的协同监管。在实际工作中，第三方平台已经联合政府部门针对食品安全问题进行了一些协同监管实践，本章第三节将对此做进一步介绍。

---

① 黑作坊办假证挤进百度美团外卖推荐［EB/OL］中国经济网，2016-08-08.

(四) 理论启示

依据守门员责任理论的分析框架，本节探讨了第三方平台参与食品安全监管的便利、动力和能力三方面的内容。第三方平台控制食品安全违法行为的便利体现在技术和流程上。而为了应对双边市场上买方用户数量增长趋缓以及维护企业声誉，第三方平台的战略重心逐渐转向卖方用户，期望通过赋能入驻商家，优化卖方的产品和服务质量以激发买方的消费潜能，具体到食品安全领域，第三方平台已经进行了一些自主治理实践。然而，第三方平台的食品安全治理在能力和资源方面有一定的局限性，在许多领域需要同政府部门等利益相关者进行协调和合作，实现协同监管。据此，在上述理论分析基础上，本章结合第三方平台食品安全的自主治理和协同监管的实际案例，进一步探讨了第三方平台在食品安全监管中的角色定位。

二、第三方平台食品安全的自主治理实践

本节结合第三方平台在食品店铺准入及经营管理、商家分类、介入网购食品供应链三方面的自主治理实践，在分析了其所取得的成效的同时，也指出了其存在的问题与局限性。

(一) 食品店铺准入及经营管理

第三方平台对于食品店铺入驻和经营管理，经过近些年摸索实践，逐渐形成规范。

1. 严控食品店铺准入

以阿里平台为例，在淘宝平台上销售预包装/散装商品，商家须提供营业执照和《食品经营许可证》（或《食品生产许可证》）；在淘宝平台虽允许小作坊制售商品，但须持有营业执照和小作坊登记证；而在天猫商城上开店的商家，除了上述资质准入外，开店企业还必须是合法登记的公司，依法成立三年及以上，注册资本需满足300万，具备一般纳税人资格。京东平台对入驻食品商户的资质要求与天猫商城类似。

问题与局限性：由于面对地域分布广又散的众多网上开店商家，时间与成本的限制，导致第三方平台对商家的准入资质只能采取线上审核，再加上未获得政府有关机构的执照方面的信息，给一些商家提供了填报虚假信息的机会。如若入驻商户保证金数额不高，将导致一些商户的进入退出较为容易，违规成本很低，增加食品安全风险。近些年来，网购食品安全成为全民关注热点与此密切相关。鉴于风险漏洞太大，从2017年12月29日起，阿里平台暂停了淘宝网食品新卖家入驻，到目前仍未恢复。

2. 经营管理

第三方平台对于入驻食品商家的经营管理，特别设置了专门管理条例，主要从信息发布、行为要求、交易纠纷处置、食品安全抽检等方面进行相关规范。通过对淘宝、天猫、京东、美团外卖等多家平台的梳理，归纳如下：

（1）信息发布

信息要素：要求商品的描述信息在商品类页面各区块中（如商品标题、图片、属性区域、详情描述等）保证要素一致性，如食品生产许可证编号、产品标准代码、厂名、厂址、厂家联系方式、配料表、储存条件、保质期、食品添加剂、生产日期、品牌名称、包装方式、产地等信息。

临期产品：对于临近保质期的食品，要求卖家须在商品发布时如实勾选对应选项，并在商品详情页或通过其他方式明示食品的保质期和过期时间；保质期大于等于 30 天的商品，当其剩余保质期小于 10 天的，不得发布（区域零售食品等特定商品除外）。

信息真实性：要求商家须如实描述商品的实际功效，不得含有虚假、夸大的内容，不得涉及治病预防、治疗等功效描述，不得真人展示效果，所描述内容须与国家批准的实物外包装说明信息内容一致。对于特殊医学用途配方食品、婴幼儿配方乳粉，商家须公示产品注册证书或者备案凭证，持有广告审查批准文号的还应当公示广告审查批准文号，并链接至食品药品监督管理部门网站对应的数据查询页面。

（2）行为要求

质量安全主体：卖家应对其所售商品质量承担责任。

违规处置：不符合食品安全标准或者有证据证明可能危害人体健康的食品，卖家应根据国家相关法规进行召回，并下架或删除网上相关商品。对于应召回的商品，卖家怠于召回的，平台视情节严重程度可采取下架商品、删除商品、监管商品、限制商品发布、屏蔽店铺、监管账户、查封账户等措施。

赔偿责任：卖家出售明知是不符合食品安全标准的食品，应为买家退款，若买家要求赔偿，应再向买家支付相当于商品实际成交金额 10 倍的赔偿金（食品标签、说明书存在不影响食品安全且不对消费者造成误导的瑕疵的除外）。

平台举报与服务终止：平台发现卖家存在食品安全违法行为或根据投诉举报卖家存在食品安全问题查证属实的，平台可责令卖家停止违法行为并向食品监督管理部门报告；卖家存在严重违法行为的，平台可停止向卖家提供服务。

（3）交易纠纷处置

以生鲜为例，某第三方平台就交易双方因质量问题产生的纠纷提出的处置规定如下（另外一个第三方平台巨头也有类似规定）：

①生鲜类商品存在大小不符或腐烂变质情形的，按其数量占商品总量的比例做部分或全部退款处理，具体判定如下：

表3-1　某第三方平台规定的食品安全有关纠纷的退款规则

商品腐烂变质及短缺程度	退款比例
30%以内	按订单实际支付金额30%退款（最高不高于30%）
30%~50%	按订单实际支付金额的30%~50%退款（最高不高于50%）
50%~70%	按订单实际支付金额的50%~70%退款（最高不高于70%）
70%以上	按订单实际支付金额的70%到全额退款

②生鲜类商品存在腐烂、重量短缺、大小不符情形，且情节严重的，平台将视商品实际情形做出退货或退款处理。情节严重情况主要指如下之一：商品大小不符、重量短缺及腐烂三类情形至少发生两类的；商品存在大小不符或腐烂情形的，其数量超过商品总量70%的；商品存在异味、化冻、商品胀包/漏气等无法食用等情形的；商家店铺内存在大量上述商品责任情形的。

③如消费者收到商品后就以下问题发起纠纷申请的，因生鲜商

品的特殊性，为避免商品往返邮寄产生的损失，京东依据消费者提供的证据进行判定，如判定商品确实存在问题的，将支持为消费者退赔处理，由此产生的费用由商家承担。水果类商品未成熟、口感不好、无水分等；海鲜类商品解冻后缩水、有泥沙等；产品图片与实物不符：个头偏小、肉质肥瘦（如不够肥等）、腥味重等情况；商品发错货。

④以上情况，问题较轻时平台优先联系消费者解释安抚，同时联系商家核实，必要时平台可优先为消费者做适当补偿，相关费用由商家承担；如因以上质量问题产生纠纷，相关运费及商品相应风险由商家承担。若商品已不适宜退货，则做退款处理，货物由商家自行联系消费者协商处置。

⑤生鲜类商家不得销售临期商品（主要是指有包装的冷冻食品）。

生鲜商家所售商品的剩余保质期天数应大于总保质期的1/5，如剩余保质期小于总保质期的1/5的，将视为商家所售商品为临期商品。如消费者主张收到的商品为临期商品，且消费者可提供图片证明商品临期的，商家应为消费者办理全额退款手续。

⑥如消费者当面验收商品时发现商品存在质量问题，可在48小时内提出交易纠纷处理并提供相关有效凭证（如验收商品图片、完整的拆包视频等）。

消费者主张活体类商品死亡的，需在配送员在场时当面开箱验货，如未开箱验货，收货后主张死亡的需在24小时内拍照并联系商家反馈；消费者主张非活体类商品变质、腐烂的，需在收到商品之时起48小时内拍照并上传举证。若商品的性状极易受时间、环境等客观因素影响而发生质变，消费者逾期未举证的，平台不予受理。商品的收货时间以快递公司系统内记录的签收时间为准。

外卖平台也对食品安全有关的交易纠纷做出了有关规定。以美团外卖为例，当消费者订餐遇到食品安全问题时，例如，发现餐品出现异物，消费者上传问题餐品照片后，公司立即启动赔付机制，以保障消费者权益。美团点评"先行赔付"机制对消费者可能遇到的食品安全问题执行详细的分类标准并明确各等级问题的赔付方式，最高可按支付金额的十倍对消费者进行赔付。美团外卖拥有 500 人的客服团队，并设立食品安全投诉专用通道，在用户投诉 1 小时内即可做出回应，进而确保客户投诉的及时解决。

（4）食品安全抽检

第三方平台制定了相应的商品质量抽检规范，以应对消费者投诉，维护平台声誉。经梳理，商品质量抽检规范主要包括发起来源、样品的获取与流转、检测方、鉴定流程、检测项目、抽检费用等多方面的规定。从安全抽检发起的来源来看，平台方明文规定，原因主要有：一是被消费者、权利人多次投诉疑似假冒商品；二是应消费者权益保护协会等国家认可的第三方机构或权利人请求的。某平台食品安全检测标准及相应处罚见表 3-2。

问题与局限性：第一，商家网上食品信息发布，仍有部分与事实不符，甚至夸张宣传，但第三方平台缺少检查的手段与方法；第二，在食品质量安全方面，消费者处于商品信息弱势一方，仅能凭外观气味去观察了解相关食品，即使外观气味没有问题，但消费后引发消费者身体不舒服，甚至就医，也不能直接证明两者呈直接因果关系，难以获得相应赔偿；第三，相对于线下食品交易，网上买家

表3-2　某第三方平台食品安全检测标准及相应处罚

大类	分类	检测项目（具体包括但不限于右侧项目）		检测依据/强制性标准	一般违规：删除商品+扣2分（A类）	严重违规：删除商品+扣6分（B类）	严重违规：删除商品+扣12分（B类）
五、食品	食品：包括但不限于烘炒类；坚果；蜜饯；月饼；巧克力；花生；饼干；酱卤肉；肉干；豆制品；冷冻类；蛋制品；婴幼儿谷物配方粉；炼乳；乳粉；膨化食品；食用油；酱腌菜；饮料；非发酵豆制品；糖果；核桃粉；酱冻点心；粉条；冻点心；瓶（桶）装饮用水；茶叶；转基因大米	1.标识标志	标识标志	GB 7718	标识标志不合格	/	/
					标识标志不合格	商品不合格	特定商品不合格
		2.感官指标	肉眼可见物	GB 19855			
			色度	GB 19300			
			浑浊度	GB 16326			
			臭和味	GB 14884			
				GB 9678.2			
		3.理化指标	过氧化值	GB 7100			
			酸价	GB 2726			
			水分	GB 2712			
			总糖	GB 2711			
			挥发酚	GB 2760	/	任意一项不合格	/
			甲醇	SB/T 10610			
			总酸	GB 2749			
			氨基酸态氮	GB 10769			
			环己基氨基磺酸钠（甜蜜素）	GB 13102			
				GB 19644			
				GB 17401			
		4.食品添加剂理化指标	二氧化硫	GB 7099			
				GB 2716			
			甲苯酸及其钠盐	GB 10146			
				GB 16325			

续表

大类	分类	检测项目（具体包括但不限于右侧项目）		检测依据/强制性标准	一般违规:删除商品+扣2分（A类）	严重违规:删除商品+扣6分（B类）	严重违规:删除商品+扣12分（B类）特定商品不合格
					标识标志不合格	商品不合格	/
			甲苯酸及其钠盐	GB 7718	标识标志不合格		
			山梨酸及其钠盐	GB 19295			
五、食品	食品:包括但不限于烘炒类;坚果;蜜饯;花生;巧克力;酱卤肉;饼干;豆制品;肉干;冷冻类;蛋制品;婴幼儿合物配方粉;炼乳;乳粉;膨化食品;糕点;食用油;酱腌菜;饮料;非发酵豆制品;核桃粉;糖果;酒类;酱;冷冻点心;粉条;水果干制品;瓶（桶）装饮用水;茶叶;罐头食品;转基因大米	4.食品添加剂理化指标	合成着色剂（柠檬黄,苋菜红,胭脂红,亮蓝,新红,靛蓝）	GB 2714 GB 19297 GB 7101 GB 2711 GB 16326			
			脱氢乙酸及其钠盐	GB 9678.1			
			铝的残留量	GB 2757		任意一项不合格	
		5.微生物（致病菌除外）	大肠杆菌	GB 15037			
			霉菌	GB 2718			
			酵母	GB 2713			
			菌落总数	GB 14939 GB 13100 GB 11671			
		6.掺杂、掺假	马源性成分	GB 7098			
			检测猪源性	GB 2762 GB 2763			
			鸭源性成分	GB 19296 GB 19298			

55

续表

大类	分类	检测项目（具体包括但不限于右侧项目）		检测依据/强制性标准	一般违规：删除商品+扣2分（A类）	严重违规：删除商品+扣6分（B类）	严重违规：删除商品+扣12分（B类）
					标识标志不合格	商品不合格	特定商品不合格
五、食品	食品：包括但不限于烘炒类；坚果；蜜饯；月饼；巧克力；花生；饼干；酱卤肉；肉干；豆制冷冻类；蛋制品；婴幼儿食品；配方粉；膨化食乳粉；炼乳；食用料；酱腌菜；饮油；非发酵豆制品；核桃粉；酱；冷果；酒类；粉；冷冻点心；粉仿；水果干制品；瓶（桶）装饮用水；茶叶；罐头食品；转基因大米	7.致病菌	沙门氏菌	GB 7718	标识标志不合格	商品不合格	特定商品不合格
			金黄色葡萄球菌	GB 19295			
			志贺氏菌	GB 2714			
		8.真菌毒素	黄曲霉毒素	GB 19297			
			总砷	GB 7101			
			无机砷	GB 2711			
		9.污染物	镉	GB 16326			
			铅	GB 9678.1	/	/	/
			亚硝酸盐（以NaNO₂计）	GB 2757			
				GB 15037			
		10.非法添加违禁成分	三聚氰胺	GB 2718			
				GB 2713			
			甲醛	GB 14939			
			三氯甲烷（氯仿）	GB 13100			
		11.农药残留	滴滴涕	GB 11671			任意一项不合格
			六六六	GB 7098			
			除虫脲	GB 2762			
			杀螟硫磷	GB 2763			
				GB 19296			
				GB 19298			

续表

大类	分类	检测项目（具体包括但不限于右侧项目）	检测依据/强制性标准	一般违规：删除商品+扣2分（A类）	严重违规：删除商品+扣6分（B类）	严重违规：删除商品+扣12分（B类）
				标识标志不合格	商品不合格	特定商品不合格
五、食品	食品：包括但不限于烘炒类；坚果；蜜饯；月饼；巧克力；花生；饼干；酱卤肉；肉干；豆制品；冷冻类；蛋制品；婴幼儿合物配方粉；炼乳；乳粉；膨化食品；糕点；食用油；酱腌菜；饮料；非发酵豆制品；核桃粉；糖果；酒类；酱；冷冻类；酱点心；粉条；瓶水果干制品；（桶）装饮用水；茶叶；罐头食品；转基因大米	11.农药残留：三氯杀螨醇 氟氰戊菊酯 氯菊酯 氯氟菊酯 溴氰菊酯 乙酰甲胺磷 多菌灵 噻嗪酮 灭多威 吡虫啉 噻虫嗪 哒螨灵 甲氯菊酯 氟氯氰菊酯 联苯菊酯	GB 7718 GB 19295 GB 2714 GB 19297 GB 7101 GB 2711 GB 16326 GB 9678.1 GB 2757 GB 15037 GB 2718 GB 2713 GB 14939 GB 13100 GB 11671 GB 7098 GB 2762 GB 2763 GB 19296 GB 19298	标识标志不合格 /	商品不合格 / /	特定商品不合格 / 任意一项不合格

续表

大类	分类	检测项目（具体包括但不限于右侧项目）		检测依据/强制性标准	一般违规：删除商品+扣2分（A类）标识标志不合格	严重违规：删除商品+扣6分（B类）商品不合格	严重违规：删除商品+扣12分（B类）特定商品不合格
					标识标志不合格	商品不合格	特定商品不合格
五、食品	食品：包括但不限于烘炒类；坚果；蜜饯；月饼；巧克力；花生；饼干；酱卤肉；肉干；豆制品；冷冻类；蛋制品；婴幼儿谷物配方粉；炼乳；乳品；膨化食品；糕点；食用油；酱腌菜；饮料；非发酵豆制品；核桃粉；糖果；酒类；酱；冷冻点心；粉条；水果干制品；瓶（桶）装饮用水；茶叶；罐头食品；转基因大米		氯霉素	GB 7718	标识标志不合格	/	/
			四环素类（金霉素、土霉素、四环素）	GB 19295 / GB 2714 / GB 19297			
			β-内酰胺酶	GB 7101 / GB 2711 / GB 16326 / GB 9678.1 / GB 2757			
		12.兽药残留	肾上腺素受体激动剂类药物（盐酸克仑特罗，莱克多巴胺）	GB 15037 / GB 2718 / GB 2713 / GB 14939 / GB 13100 / GB 11671 / GB 7098			任意一项不合格
			硝基呋喃类药物	GB 2762 / GB 2763			
			磺胺二甲嘧啶	GB 19296 / GB 19298			

58

只能从快递收货后，才能从外观和气味了解所见食品的状况，如若有质量相关问题，需要进行举证拍照协商解决等一系列相关活动，并产生时间与费用成本，如果该食品在总消费支出中比例不高，买家多数会放弃赔付；第四，负面的消费观感会让一些买家在商品售卖页面下对商家负面评价，导致商家"刷好评"手段屡禁不止，对消费产生误导；第五，平台食品安全抽检，从规定来看更多是应消费者多次投诉或消费者权益保护协会这样的第三方权益人的要求，并没有形成主动的常规的自行抽检机制。

（二）商家分类

第三方平台根据一定的标准对商家进行分类，不仅满足网上买家对商品的细分需求，同时也是对高质量商品的多重质量服务保障，以便网上优质商家获得更多的消费支持。本节以阿里平台上的天猫商城与淘宝，以及美团外卖为例，阐释商家分类可使品牌食品买家获得更多的食品安全保障。

（1）在淘宝平台上销售预包装/散装商品，商家需提供营业执照和《食品经营许可证》（或《食品生产许可证》）；淘宝平台还允许小作坊制售商品，但须持有营业执照和小作坊登记证；而在天猫商城上开店的商家，除了上述资质准入外，开店企业还必须是合法登记的公司，依法成立三年及以上，注册资本需满足300万，具备一般纳税人资格。

（2）天猫商城里所有的生鲜食品都必须具备坏单包赔的销售条件，预包装食品则是破损包退，且都有正品保障。但淘宝平台没有相应硬性规定，除非商家自愿加入相应的退换货服务（目前淘宝平台上仍有许多食品商家没有加入相应的退换货服务，消费者的权益难以保障）。

（3）天猫、淘宝平台对开店商家的收费标准和收费类别也不一样。食品企业想要入驻天猫平台，首先就需要缴纳10万元以上的保证金，其次还需要缴纳软件服务费。而淘宝的食品店最多只需要交两千元保证金及相应的软件服务费。在平台管理上，天猫商城后台还为商家提供数据魔方服务，提供销售数据分析报表，帮助商家对产品分销管理，扩大品牌知名度。天猫商城类似于线下商城，品牌云集，而淘宝则类似于线下的集市。

外卖平台的商家分类相对来说更加复杂。以美团外卖为例，第一，将平台上的餐饮企业分为两类，一类加挂"品牌餐厅"，另一类不加挂，加挂条件一是商家有注册商标，条件二是同城要有3家以上连锁店。第二，加挂"大众点评高分店铺"，需要满足以下三个条件，即可自动添加标签：①商家分类：全部美食品类商户；②大众点评上点评综合评分≥4.0；③点评数量≥50条。第三，加挂"放心吃"，即商户为每一个订单自动购买一份食品安全责任保险，价格为0.05元/单，每天2元封顶（超过40单后，依然会为用户投保，但商家无须再花钱）。赔付标准：食品安全问题导致治病就医，最高赔付2900元；食品中出现异物，最高赔付3100元；食品中含违规添加剂时，最高赔付2000元。第四，加挂"阳光餐厅"，指落实经营场所食品安全信息公开，开展食品加工操作可视化，做到食品原材料来源清晰可追溯，食品安全控制措施和餐饮环境各项指标达到相关要求，食品生产加工操作行为安全规范，主动接受社会监督的餐饮单位。第五，加挂"极速退款"，商家可选的退款升级服务，开通服务后，骑手到店前，在 200 元内，消费者可快速无理由全额退款。第六，加挂"食材公示"，据《网络餐饮服务食品安全监督管理办法》第十一条规定：入网餐饮服务提供者应当在网上公示菜品名称和主要原料名称，公示的信息应当真实。

问题与局限性：不论是第三方零售平台还是餐饮外卖平台，依据一定标准对商家进行分类，本质上是推优的过程，旨在通过向消费者提供更多商家的相关信息进而利用消费者的自主选择来帮助条件较好的商家更好地销售，但这种依据商家的客观条件的分类方式与商家实际的食品安全水平的关联度有多大存在不确定性。同时，第三方平台为食品卖家提供了多重食品安全保障措施，会收取或多或少的平台服务或商业保险费用，如生鲜产品的"坏单包赔"、外卖餐饮的"放心吃"等服务，虽然这样服务对于商家提高食品品质有积极作用，但消费者多数未知有这样的食品安全保障，因而在平台声誉、商家利益与消费者权益方面没有取得较好的平衡，最后有不少保障项目流产。

三、第三方平台食品安全的协同监管实践

近年来，在网购食品安全监管中第三方平台与政府监管机构合作越来越密切。一方面，这是对法律法规和政策导向的积极贯彻和响应。比如，《食品安全法》第三条明确提出：食品安全工作实行社会共治；十九大报告也提出了打造"共建共治共享"的社会治理体系。另一方面，第三方平台和政府监管机构的资源和能力都面临着局限性，寻求与外部组织的协调和合作实现优势互补，成为双方进

行协同监管实践的共同出发点。本节总结归纳了第三方平台食品安全的协同监管实践，并分析了当前网购食品安全协同监管取得的经验及其制约因素，从而为下一步的协同监管工作提出对策建议。

（一）第三方平台食品安全协同监管案例

1. 第三方平台为食品安全监管部门提供协查信息及技术支持

以阿里系平台为例。在网络食品零售方面，为了线上线下联动保障"舌尖上的安全"，淘宝和天猫研发了"商品大脑"，结合消费评价、投诉、舆情及行政机关数据共享等多渠道的大数据，对存在夸大宣传、虚假承诺的食品，进行快速鉴别和及时下架删除。此外，针对网络食品零售中出现的食品安全刑事犯罪，从 2016 年 5 月起，淘宝和天猫还与全国多个工商、公安等行政执法机构成立"云剑联盟"，协助开展线下打击行动，协助追溯劣质食品生产源头，"云剑联盟"推送食药类刑事案件线索 114 起，累计案值超 1.5 亿元。在网络餐饮外卖方面，作为以"食品安全科学+互联网科技"手段进行外卖全链条食品安全风险管控的第三方平台，阿里本地生活将发挥阿里巴巴科技大脑的技术优势，加强基于 HACCP 的食品安全智慧化管理，逐步完善基于风险评估模型的互联网餐饮食品安全管理体系，全面开展与政府部门及行业协会的社会共治举措，提升本地生活食品安全水平，让消费者吃得更安全、更营养、更健康。

2. 第三方平台与政府部门达成食品安全共治战略合作

在网络餐饮外卖方面，较有代表性的案例是饿了么订餐平台与广州市食品药品监管局进行的"三网一平台一机制"项目。2017 年 2 月 21 日，广州市食品药品监管局与饿了么平台共同签署了《食品安全社会共治合作备忘录》，双方从以下五方面展开合作。一是强化资源共享，共建食品安全大数据信息共享网。开展食品安全数据信息的充分对接，实现区域入网食品企业入驻信息、许可信息、食品安全社会评价和投诉信息共四类信息共享。二是加大信息公开，共建入网经营企业信用公示网。优化信息公示模块，加大信息公示量，实现全市入网餐饮企业食品经营许可证公示、量化分级信息公示、顾客评价信息公示和食品安全问题商户黑名单公示。三是整合社会资源，共建入网企业社会监督网。饿了么在广州启动开展"明厨亮灶网络直播"，并优先在广州实施食品安全保险全覆盖，实现极速赔付，同时在广州食品药品监管局指导下积极筹建"广州市在线外卖行业协会"。四是提升行业素质，搭建"网络食安学苑"培训平台。双方将共同建设"网络食安学苑"广州在线外卖食品安全网络培训基地，开展网络食品安全培训和入网资格考核的线上培训合作，关口前移，提升餐饮行业人员食品安全整体素质。五是强化快速应对，共建应急处置联动机制。双方将共建网络餐饮食品安全应急处置政府监管与平台管理联动机制，建立监管执法信息与平台食品安全管理信息双向快捷通报机制，实现网络食品安全重大舆情和食品安全事件应急处置快速联动。

美团也与政府食品安全监管部门签订了一系列食品安全社会共治合作协议。美团平台的经营内容主要涉及网络餐饮外卖，而对网络食品零售涉足较少。美团外卖在成立以来的七年多运营过程中，也在食品安全协同监管方面摸索出了一些经验。具体来看，主要包括入网餐饮商户电子档案与政府证照信息的比照核实、政企食品安全档案数据的互联互通进而向消费者更好地公示餐厅信息、消费者评价大数据挖掘给政府线下监管提供依据三方面。

美团点评集团提高网络订餐食品安全水平的努力得到了政府部门的大力支持。2016 年下半年，公司与上海长宁区市场监管局合作，启动食品安全社会共治示范项目，项目以建立入网经营商户电子档案系统为主要内容，该系统被称为"天网系统"。具体做法是建立入网外卖商户的电子档案，跟踪商户入网、经营、退出的整个过程，实现"户户有记录、问题有着落"。通过此系统，不仅可查询相关商户的基本信息，还能获得相关的动态提醒：比如，许可证到期、消费者投诉、超范围经营等。

按照国家食药监总局的要求，餐饮企业应依法办理营业执照和餐饮服务许可证，并在营业场所的醒目位置展示，但消费者在订餐时很难确认外卖商家是否具有营业资质。因此，美团利用"互联网+订餐平台"优势，通过与政府市场监管部门的数据互联互通，在网站主页展示商家"餐饮安全量化分级评定指标"。通过与政府部门的信息共享，订餐平台可以更多地向消费者展示外卖商家资质、食品安全评级等指标，并做到按期更新，从而更好地保障消费者的知情权。

美团点评通过大众点评等平台采集顾客对餐厅的评价大数据，利用互联网技术优势提高网络订餐食品安全监管效率。据介绍，"天眼系统"是以美团点评积累的顾客对餐厅的评价大数据为基础，将海量评价数据中食品安全的相关内容通过数据分析可视化地展现出来。此系统还会对集中突发的食品安全问题进行预警。

3. 第三方平台与政府部门共同发起食品安全标准化项目①

以长沙市的外卖食品安全标准化站点的协同创建为例，2020年7月15日上午，长沙市市场监督管理局组织网络订餐平台、各区县（市）市场监管局有关负责人进行观摩学习和经验交流，并在全市其他外卖配送站点全面启动标准化配送站点创建活动。同年11月，按照标准要求对配送站点逐一开展考核验收。

饿了么麓谷西中心站点共有63名骑手、3位管理人员。刚进站点，入目便是蓝色展板，站点信息、证照公示栏、健康证公示栏、站点管理制度、站点标准化操作规范、清洁消毒指示等内容一目了然。10位骑手展示了每日早上的标准流程。首先是岗前健康检查，管理人员要询问骑手健康状况、测量体温、检查骑手手上是否有开放性的伤口。在餐箱的清洁与消毒环节，骑手先使用泡沫清洁剂对餐箱由内向外进行第一次清洁，再用含氯消毒液喷洒并封箱10分钟，进一步杀菌；以及数据复返、早会训词与安全宣导。饿了么有专门制定的骑士标准化手册，从入职流程、岗前培训，到日常规范、操作规范及异常情况处理等方面进行详细的规定说明。据饿了么麓谷西中心站点负责人胡欢介绍，该站点依据行业标准进行了自查，站点有明确的分区，如物资区、消毒区等，是他们打造的示范样板。

而美团要求加盟商每日须拍摄视频，拍摄视频中必须进行日期播报，防止加盟商在拍摄视频中有作假的行为。视频上传后会同步自家后台，有专人进行审核。例如，美团骑手有两块抹布，白色的专门清洁内箱，黄色的专门清洁外箱。在消毒后，工作人员使用腺

---

① 长沙大力打造外卖标准化配送站点保障网络餐饮配送安全［EB/OL］. 长沙市市场监督管理局，2020-07-16.

嘌呤核苷三磷酸（ATP）荧光检测仪进行检测，数值从 16666 下降至 919 个单位，下降率超 90%（数值越高，表明 ATP 的量越多，也就意味着表面的残留物越多，清洁状态较差）。为了实现更好的标准化配送服务，美团建立了专门的后台调度系统。该系统可以监控到所有在岗骑手的位置，查询到骑手订单状态。该系统与公安系统联网，新员工入职前需扫描特定二维码，如有犯罪记录或不良信用证明不能入职。

随着网络餐饮市场的迅速发展，网络餐饮食品安全问题受到广泛关注。2020 年初，新冠肺炎疫情暴发，网络外卖成为解决饮食需求的重要方式，网络餐饮配送安全再次引发高度关注。为确保外卖配送环节食品安全，湖南省的省、市、区三级市场监管部门加大了对配送站点的监督检查力度，但在检查中发现，外卖配送站点基础条件、安全管理等仍有较大提升空间。为此，长沙市市场监督管理局决定自 2020 年 3 月起在全市范围内开展外卖标准化配送站点创建活动。3 月初，在梳理平台已有管理标准的基础上，将相关食品安全标准要求融入标准，制订印发了《长沙市外卖标准化配送站点创建活动实施方案》。按照方案安排，由网络订餐平台各选择一家配送站点，于 7 月上旬前严格按照前期确定的创建标准打造示范样板。其间，长沙市市场监管局安排专人对创建活动进行跟踪、督促、指导，通过召开专题会和多次现场指导，共同完成了示范站点样板建设工作，示范站点在硬件配备和软件管理上较之前有了较大提升，成效明显。

本次外卖标准化配送站点创建活动，旨在督促网络订餐平台和送餐单位建立健全配送站点的建设和管理标准，实现对骑手健康、培训考核、餐箱清洁消毒、送餐行为及站点场所环境、设施设备、信息公示、资料保存等的标准化、规范化管理，打造"制度健全、管理规范、安全有序、群众满意"的标准化配送站点，做到"硬件上有标准，软件上有规范"，确保网络餐饮"最后一公里"食品安全。

4. 第三方平台与政府部门共同打造食品安全示范项目①

以大连市的网络餐饮食品安全示范街的协同打造为例。据央视广播网报道，2020年11月25日，辽宁省首条网络餐饮食品安全示范街落户大连市沙河口区长兴里小吃街。在示范街项目开通以后，消费者足不出户，即可通过订餐平台的阳光厨房选项进行线上"探店"，整个长兴里小吃街里的各家餐饮后厨，有关食材原料、食品加工、环境卫生等消费者最为关注的后厨细节变成"透明厨房"，全程高清"直播"。

大连市市场监管局相关负责人表示，通过"透明厨房"管理模式，将食品安全监管从政府职能部门"一双眼睛"变成群众"无数双眼睛"，使食客订餐"心里有底"，监管部门实时监管"心中有数"。

长兴里小吃街负责人宋女士表示，小吃街环境整洁，各个档口干净明亮，尽管整体人流较多，但秩序井然。在一家寿司店前，抬头可见一个电子显示屏幕上正在"直播"后厨工作现场。这个直播的场面，不但在前台档口可以看到，消费者通过网络订餐平台也可以一目了然。小吃街利用"互联网+"与明厨亮灶相结合，用户通过外卖平台App实时观看商户后厨加工过程。截至2020年底，该街

---

① 辽宁省首条网络餐饮食品安全示范街落户大连 ［EB/OL］. 央广网，2020-11-27.

区近八成业户实现后厨全程网络直播，通过实时直播向消费者展示许可证照、食品加工、操作规范、卫生清理等经营全流程，打造"阳光厨房、透明餐厅"，食客线上点餐时，可通过直播这种新的模式探知加工全程，让食品安全眼见为实。

大连市市场监管局还与阿里巴巴本地生活共同推出了网络餐饮食品安全"六大透明"标准，包括：证照资质透明，在平台公示有效的证照信息，确保店铺经营资质合法；人员健康透明，在平台公示企业食品从业人员健康证信息，确保店铺从业人员健康；动态管理透明，在平台公示店铺线下监管动态量化等级评分状态；店内信息透明，通过安装明厨亮灶设备或利用VR、短视频等多种方式将食品加工过程或店内实景通过平台向消费者公开展示，接受全社会监督；配送安全透明，配送过程中使用外卖平台食安封签确保配送过程中的食品安全；售后保障透明，店铺投保食品安全保险，为消费者提供售后权益保障。

大连市市场监管局在2020年持续推进"净网明厨，封签送达"，打造网络订餐监管升级版的"网上透明餐厅项目"，倡导入网商户及订餐平台实现透明标准，建立透明公开的网络订餐监管机制，建成了拥有130余家餐饮商户的辽宁省首条网络餐饮食品安全示范街。截至2020年底，大连市网上订餐商户实现网上明厨亮灶的达600余家。同时，市场监管部门持续加强监管，利用第三方监测平台监测违规行为，全年共监测到食品安全违规问题1.6万余条，对监测到的一般违规问题，实行柔性执法，督促整改落实；对监测到的严重问题决不姑息，坚决实施严厉处罚。大连市市场监管局相关负责人表示，经过地方政府、监管部门、线下商户、线上平台、消费者、媒体等多方共同努力，全市网络订餐食品安全状况持续向好，并且打造出线上线下"双优质"的先进示范典型。

（二）第三方平台食品安全协同监管实践的经验总结

总体来看，第三方平台与政府机构的食品安全协同监管实践是围绕食品安全信息的交流和共享展开的，第三方平台利用自身的信息技术优势赋能于政府监管机构，可大幅提高网购食品安全监管的效率，具体应用于准入阶段的资质审核、运营阶段的监测控制以及食品安全刑事犯罪侦查等领域。政府机构、第三方平台都拥有一部分特定的食品安全监管所需的信息，将分散化的信息有机地结合起来，不仅可以提高食品安全监管决策的科学性，优化监管资源配置，还可以大幅度减少与食品安全信息相关的重复性投入，进而有效降低信息搜寻、衡量等交易成本。信息的交流和共享要充分发挥政府部门、第三方平台的各自优势。政府部门不仅掌握着宏观层面的食品产业总体状况和监管政策的最新进展，也掌握着微观层面的食品企业资质、食品安全档案等信息。第三方平台不仅掌握着食品交易的数量、品类、金额等信息，也掌握着消费者对于食品的售后评价和投诉举报等信息，而且第三方平台在信息技术领域的专长可以为信息化的食品安全监管提供有力的技术支撑。在下一步实施过程中，可以尝试由政府部门、第三方平台共同出资搭建和运营网购食品安全信息平台，并探索运用大数据、云计算、物联网、区块链等技术来不断提升食品安全信息平台的决策支持功能。

（三）第三方平台食品安全协同监管面临的制约因素

上述第三方平台参与的食品安全协同监管实践，在一定程度上提升了网购食品安全监管的信息化水平，也降低了食品安全信息方面的重复性投入，有利于综合多个来源的信息对食品安全风险进行综合评估。但从实施范围来看，第三方平台参与的协同监管项目主要集中在北京、上海、广州等一线城市，而并没有在全国范围内广泛开展。实际上，网络食品交易涉及的生产者、经营者、消费者已经遍布全国各地，由于第三方平台、政府监管机构的资源和能力都有一定局限性，因而双方的协同监管也应该是在全国范围内推广和实施，但受制于目前政府部门的监管理念、技术水平及投入成本、体制机制，第三方平台和政府监管机构的协调和合作面临着障碍。

第一是政府部门的监管理念问题，一些地方的政府部门在观念上没有把第三方平台视为社会共治的参与力量，而是将其视为纯粹的被监管对象，监管工作的思路是被动地应对，表现为在出现网购食品安全问题时对第三方平台进行集中的临时约谈，并没有建立起双方对话和沟通以共同治理食品安全问题的常态协调机制。实际上，第三方平台掌握着海量的网购食品交易信息，也拥有强大的信息技术水平和资金实力，更有内生的动力去治理食品安全问题。政府部门在观念上要认识到第三方平台在食品安全治理中是大有可为的，也要考虑到第三方平台的利益诉求，在工作中逐步将第三方平台纳入食品安全共治体系，稳步开展基于民主协商和决策过程的协同监管项目，实现政府监管的约束性和第三方平台信息技术水平的优势互补。协同监管的民主决策可以渗透到标准设定、流程控制、实施和监督等各个过程（Martinez et al., 2007）。协同监管的关键在于政府部门要及时摆脱传统的命令—控制型监管理念的路径依赖，并建立起聆听市场主体关切、因势利导、分类施策的监管文化。

第二是政府部门的技术水平及投入成本问题。近年来，虽然中国整体的电子政务发展水平有了很大的提升，但电子政务建设涉及的网络基础设施、服务与应用系统，以及信息资源的采集、更新、公开和共享等方面都需要耗费巨大的人力物力财力，再加上地方政府的财政预算约束，中国的电子政务建设还有很长的路要走。具体到网购食品安全监管领域，目前北上广等一线城市开展的第三方平台与政府机构的协同监管主要模式是食品安全相关信息的数字化共享和风险综合评估。因此在电子政务建设较为滞后的地区，这种信息化的协同监管方式在很大程度上受制于政府部门的技术水平和预算约束而难以开展。

第三是政府部门的体制机制问题。即使是拥有了必要的技术水平的地方政府，也囿于体制机制方面的障碍而在协同监管上进展缓慢。以食品商家入驻第三方平台的信息审核为例。在平台准入阶段，核心的目标是：确保入网经营者是具有资质的商家。若能将第三方平台收到的入网申请者的资质信息和政府部门的商户资质信息进行实时比对，则第三方平台能够较好地履行核实经营商户信息的义务。从实际应用过程来看，关键的制约因素在于政府的资质信息接口没有真正放开。实际上，国务院对平台经济中的政府信息公开已经出台了相应政策。《关于促进平台经济规范健康发展的指导意见》（国办发〔2019〕38号）明确提出了加强政府部门与平台数据共享。对此，建议国家市场监督管理总局及时跟进，早日出台资质信息交流和共享的明确政策，从而在市场准入阶段构筑起保障网络食品安全的第一道屏障。

（四）介入网购食品供应链

第三方平台的食品安全自主治理实践还反映在其越来越多地介入网购食品供应链，通过标准化、全程追溯、食材供应、物流配送管理等治理手段，逐步地在生产和流通环节筑起食品安全保卫屏障。

1. 第三方平台介入网络零售供应链

商品品质、物流保鲜、售后服务等不确定性，一直以来是食品行业的痛点。天猫平台的消费者反馈大数据显示，在网购食品特别是生鲜方面，超过 60% 的用户最关注食品保鲜和安全检疫问题，对货源产地和是否临近保质期的关注率也高达 40% 以上[①]。对此，第三方平台以食品标准化、食品全程追溯、自建冷链物流体系和采用专业的第三方冷链物流服务为抓手，进行了介入网络零售供应链的探索。从布局优质产品原产地到建立行业标准，从利用人工智能、大数据等手段为食品安全提供线上保障，到将线上信息辐射线下，以及对冷链物流服务质量的提升，第三方平台介入网购食品供应链的实践为网购食品安全监管提供了经验借鉴。

（1）推动食品标准化[②]

以阿里平台为例。2016 年 3 月，天猫推动成立了国内首个生鲜标准联盟，通过全流程的标准化提升整体生鲜商品和服务的品质。拿销量非常火爆的小龙虾来说。在 2018 年世界杯期间，小龙虾迎来了供应和销售高峰，其品质安全成为消费者关心的头等大事。为此，

---

① 中国新闻网. 天猫布局全球优质原产地溯源 阿里新零售严把舌尖安全关 ［EB/OL］. 中国新闻网，2018-07-19.

② 中国新闻网. 天猫布局全球优质原产地溯源 阿里新零售严把舌尖安全关 ［EB/OL］. 中国新闻网，2018-07-19.

阿里新零售探索全业态跨平台协作，全程保证小龙虾的新鲜品质。天猫口碑就与中国小龙虾协会于 2018 年共建"小龙虾产业标准"。同年 6·18 期间，天猫还签下小龙虾著名原产地盱眙的专属生产线，从源头保障消费者"舌尖上的安全"。

（2）推动食品全程追溯①

以阿里平台为例。平台从源头推动生鲜标准化和分等分级制度，并建设产品追溯体系"满天星"计划，实现"一品一码"，消费者可通过二维码检测真伪、产地、采摘、物流等。现在，"满天星"已经融入阿里巴巴平台食品、药品、线下销售各领域。阿里巴巴先进的大数据和区块链技术，推动食品（药品）信息化追溯体系的形成。阿里平台建立起高标准的食品安全追溯体系，实现"全品种覆盖、全自助交易、全自动追溯"，创造性地"把追溯建在交易上"。一个比较典型的范例是网红水果南汇 8424 西瓜，消费者在线上下单，都可以通过指定的食品安全追溯平台，查询到供货来源、时间甚至采摘、包装、运输等详细信息。

（3）自建冷链物流体系

由于自建冷链物流体系需要很大规模的投资，因此目前主要是具有雄厚资金实力的阿里巴巴、苏宁等大型平台企业出于保障物流环节食品质量安全的考虑而在该领域进行了重点布局。通过直接投资建设、兼并收购、战略合作等方式，阿里巴巴、苏宁等大型平台企业已经建立较为完善的冷链物流体系。

---

① 中国新闻网. 天猫布局全球优质原产地溯源 阿里新零售严把舌尖安全关 ［EB/OL］. 中国新闻网，2018-07-19.

①阿里巴巴的冷链物流体系简介

据搜狐网报道，阿里巴巴集团旗下驯鹿冷链与中和澳亚（天津）实业有限公司于 2019 年 5 月 28 日举行了战略合作签约仪式，阿里巴巴冷链项目正式落户天津市静海区①。驯鹿冷链 CEO 范基元表示，此次战略合作后，中和澳亚已有的冷链物流体系将并入菜鸟的整体冷链物流体系中。中和澳亚（天津）实业有限公司执行总裁梁志海介绍称，阿里的整个冷链布局是班车站形式的，在全国设"班车点"。由于具有辐射京津冀地区的区位优势，静海区将成为阿里冷链物流中京津冀地区的站点。同时，阿里冷链还可能会在西部、西南部等地设不同的班车点。据悉，驯鹿冷链计划在中国建立 50 个大中型专业生鲜冷链仓库，布局 100 条生鲜冷链运输干线、1000 条运输支线及冷链短驳，并整合各大生鲜进出口港口资源，携手天猫超市生鲜店、易果生鲜等企业，建设完成辐射全国的冷链网络及专业的冷链运营平台。

②苏宁的冷链物流体系简介

苏宁物流则致力于进一步扩大其冷链仓覆盖范围。据制冷快报报道，截至 2019 年 6 月，苏宁物流已在全国 46 个城市布局了冷链仓，仓储面积达到 20 万平方米，覆盖城市从 179 个扩大到 188 个；并形成了冷链仓+门店+即时配送的"三段式"冷链物流配送模式。

紧守 3T 原则，冷链物流门槛高。众所周知，生鲜产品具有保质期短、易腐性、损耗大等特点，对温度控制要求高，需要完善的冷链保障。消费者当然不希望自己网上购买的生鲜既不"生活"也不

---

① 搜狐网. 阿里驯鹿冷链与中和澳亚公司达成战略合作［EB/OL］. 搜狐网，2019-05-29.

"新鲜"。所以冷链物流中的商品，为了保障品质，在流通的过程中需要遵守 3T 原则（流通时间 Time、贮藏温度 Temperature 和产品耐藏性 Tolerance），不同的产品也有相对应的温度控制和储藏时间。与此同时，在运输的每个环节对时效、温度和湿度的较高要求，提高了冷链运输的成本。加之生鲜与其他易腐商品需要特定的运输设备、温控设备、保鲜设备和储存设备，这些均需要高额的投资，故而大大抬高了冷链物流的成本。冷链物流的复杂性和高成本性、我国冷链基础建设不够完善、冷链市场尚无统一的规范以及冷链信息化程度还有待进步等问题给冷链物流发展带来了极大的难度。

智慧零售赋能，苏宁积极布局冷链物流。但是市场需求会倒逼冷链物流技术的快速进步。比如，苏宁物流等龙头企业的发力已经让广大消费者体验到冷链物流带来的体验升级。苏宁在冷链物流领域的雄厚运作实力源于苏宁物流的厚积薄发和智慧零售的持续赋能。从 2018 年 2 月开始，苏宁在冷链仓领域布局持续发力，到 2019 年 6 月已经拥有 46 座冷链仓，辐射范围达到全国 188 个城市。覆盖全国的生鲜冷链配送网使得"当日达""次晨达"这些服务实现了真正意义上的方便快捷，高效精准。

以对保鲜要求极高的大闸蟹为例，苏宁物流在保障快速入库和出库的同时，通过全国完善的"最后一公里"末端网络快速将生鲜送到用户手中。在常州打捞上来的鲜活螃蟹，最快 1 小时内就能运输到已经投入使用的在苏州、无锡的冷链仓进行中转，上海、南京、苏州等地用户最快 4 小时就能吃到新鲜打捞的新孟河大闸蟹。此外，苏宁物流采用全程冷链运输以及专业生鲜包装，全国很多用户收到的生鲜箱子都是苏宁物流专门定制的，保鲜效果好还可循环使用，绿色环保。

据苏宁仓库负责人介绍，"要保证商品持续处于低温状态，就要求供应商必须使用冷链车，在温度达标的条件下运输。车内温度达标，整件商品外包装干净、包装没有任何破损才可以安排正常地卸货"。从细节开始，苏宁冷链仓与冷链车实现无缝接轨保证货物全程处于低温状态，到送货上门，苏宁物流坚持把仓储建到离用户更近的地方。到2019年上半年，北京、南京等多个前置仓已经正式投入使用，协同苏宁小店完成门店补货、同城即时配送等服务场景。

关于未来，苏宁物流常务副总裁姚凯在2018年8·18发烧节正式发布了"百川计划"，将加速骨干仓网和社区仓网的建设，通过科技、社会化协同的方式全面搭建服务于多领域合作伙伴的基础网络。苏宁物流冷链仓、前置仓、保税仓、产地仓、门店仓等多种仓储形式将在全国遍地开花。也就是说，依托冷链仓的布局，全国上千家苏宁门店都将为周边用户提供"分钟级"即时配送服务。"冷链仓+门店+即时配送"模式，打造了一张冷链仓、门店仓、同城配送一体化新物流网络。夸张点说，未来在家网上下单，可能下一分钟快递员就出现在了门口。

着眼当下，智慧零售热潮方起，苏宁冷链物流的发展会进一步得到物联网、大数据、云计算与人工智能等新兴技术的赋能，困难和竞争不少，机遇也会随之而来。苏宁完善的冷链体系、严苛的质量把控再加上智慧零售这棵大树做支撑，一定会让冷链物流步入新的台阶。

（4）采用专业的第三方冷链物流服务

如上节所述，自建冷链物流体系需要巨大规模的投资，而目前市面上也有一些专业的第三方物流公司提供冷链物流服务，其中比较具有代表性的有产地仓模式的丹鸟物流、平台化模式的九曳供应链等。

①产地仓模式：以丹鸟物流为例

在网上购买生鲜产品最让消费者担心的是邮寄到手的食品是否会新鲜如初，丹鸟物流在保证生鲜产品新鲜方面也是有自己特有的方法，主要有以下几方面。

通过驻场揽收、冷链仓暂存、优先中转、极速配载、优先配送等环节，以源头驻场介入服务、配套鲜送标志、全程冷链恒温、智能调拨、快捷配送、送货上门的全链路组合配套，打造生鲜产品从产地到餐桌的供应链体系，提升整体效率。

丹鸟物流配备了专属物流专家，提供全程的管家式服务，包括提供订单下单软件，在产地仓进行导单、打单、贴单，协助包装等；在运输途中，丹鸟物流联动社会化资源，搭建灵活的冷链专线。冷链车内温度保持在15~18摄氏度，温度实时显示避免出现高温坏果现象。

针对生鲜易腐特质，丹鸟物流推出的丹鸟鲜送正以"优'鲜'保障"解决这一顽疾。丹鸟物流推出"空运+陆运"运力矩阵，保障核心城市24小时达，偏远区域72小时内达；争取在最短时间内将货品送到消费者手中。在全国武汉、广州、北京、成都、西安、沈阳、青岛7大枢纽城市，设立冷链分仓，将产品提前到分仓暂存，直接从分仓发货前置链路；大大节约了时间，提高了效率。

在最后末端配送环节，丹鸟物流除了送货上门、派前电联，还提供快速理赔、坏果包赔、丢件必赔的便捷理赔服务。

②平台化模式：以九曳供应链为例①

九曳物流以平台化模式整合仓储、运输等物流资源，在物流环节保障了网购食品的质量安全。

首先是平台化的冷库体系。想要从根本上解决农产品滞销和供需不平衡的问题，必须完善农产品的供应链网络。生鲜农产品生产出来之后，就需要专业的冷链鲜仓对其进行及时的保鲜、保存，保证食品新鲜健康，延长保质期，降低耗损率。针对产地冷链建设，国家已有相关政策。2020年2月5日，《中共中央、国务院关于抓好"三农"领域重点工作 确保如期实现全面小康的意见》发布，明确指出将启动农产品仓储保鲜冷链物流设施建设工程，支持家庭农场、农民合作社、供销合作社、邮政快递企业、产业化龙头企业建设产地分拣包装、冷藏保鲜、仓储运输、初加工等设施，并安排中央预算内投资，支持建设一批骨干冷链物流基地。九曳供应链这些年来也在加大全国的仓储布局。截至2020年2月，九曳供应链国内已开通30个生鲜云仓，布局26个核心城市，辐射7大区域，基本覆盖全国。云仓是生鲜供应链的核心，通过全国分仓，才能快速将产地仓的生鲜产品分拨到全国各地，满足当地的消费需求。

尤其在这次疫情中，仓储体系的重要性开始体现出来。疫情期间，盒马、叮咚等生鲜零售端订单量暴增，九曳供应链的很多生鲜食品类客户都在利用其全国各仓的库存对当地的新零售渠道进行大量补货。举例来说，九曳供应链的客户之一科尔沁牛肉，会将产品直接存放在九曳供应链的内蒙鲜仓里，根据九曳供应链消费大数据

---

① 搜狐网. 超级观点｜生鲜行业"冰火两重天"，平台型冷链物流企业的机会来了 [EB/OL]. 搜狐网，2020-02-13.

和客户需求往全国各仓调拨库存。科尔沁接到消费者订单之后，九曳便就近调拨库存配送给消费者，保证当地消费者的供应以及降低物流履约成本。在疫情期间，这些分仓库存成了市场的调节器，一方面，生鲜食品客户可将产品放入当地生鲜云仓，及时进行低温存储，降低损耗；另一方面，全国各地的库存可以对当地各个渠道进行及时补货，满足市场需求。此外，还可以从产地的仓库直接调拨到各分仓，不仅缩短了供应链链路，也降低了物流履约成本。

仓储体系有利于解决生鲜前半公里的问题，而生鲜农产品的冷链干线及配送物流依然面临资源整合问题。疫情期间的生鲜食品线上化消费趋势与线下物流配送由于信息不对称出现矛盾点，"有货无车、有车无货"的问题频频出现，这就造成了资源的闲置，需要一个对接信息、整合资源的系统，来进行资源的无缝对接、有序调动。平台化模式，正好可以解决这一需求。以九曳供应链为例，九曳云平台可以集合大部分的冷链物流承运商，提高车辆调度及配送的合理性，减少运营成本。此外，其生鲜云平台拥有大数据指南针系统，能够集合业务实时监控的所有历史数据，生鲜合作商家可通过数据分析检测技术，制订合理的销售方案和库存布局。在疫情期间，充分利用平台化的特点，可以将各地的冷链配送资源集合起来，及时响应市场消费者及品牌客户的需求。

平台化运营模式，不仅能为客户提供产地仓收储、分级、质检，到生产加工、过程管理、耗损管理、冷链运输、配送及分销的一站式供应链服务，助力生鲜农产品打造完善的供应链网络，更重要的是使生鲜上游企业由原来割裂式的 B2B 业务、餐饮业务、工厂业务、2C 业务变成真正意义上的平台化、共享化运营，以更短的链路提升生鲜供应链运营效率，真正解决传统生鲜供应链存在的现实问题。

2. 订餐平台介入外卖供应链

目前国内网络餐饮外卖市场形成了美团外卖、饿了么的双寡头格局，为提高服务质量以及规避食品安全问题带来的负面影响，订餐平台以介入商户的食材采购、介入外卖配送和技术赋能等方式介入外卖供应链，在一定程度上提高了外卖的食品安全水平。

（1）订餐平台介入商户的食材采购

2008 年饿了么外卖平台成立，2013 年 11 月美团进入外卖平台，外卖平台迅速发展，截至 2020 年 6 月，中国网络订餐用户规模达 4.09 亿[①]。由于电子商务在中国的快速发展，第三方平台认为食品餐饮需求侧的数字化逐渐完成了，但是在供给侧的数字化才刚刚开始，平台需要从食材供应链入手，通过平台延展，助力传统商家，帮他们实现数字化改造的同时，拓展平台创收新业务。2015 年 7 月，饿了么外卖平台上线食材供应链 B2B 平台"有菜"[②]，美团点评于 2018 年初成立了针对 B 端商户的新业务"快驴进货"。据美团点评公布，快驴进货在 2018 年底，已覆盖全国 21 个省，38 座城市，350 个区县，年活跃商户数约 45 万，单月销售额破 4 亿。由于快驴用户数不到美团外卖平台数量的 10%，其成长还有很大空间[③]。

当前中小餐饮企业采购原料的痛点：①食材准备时间仓促，企业采购的时间成本很高；②农产品流通环节多，企业采购食材成本

---

① 中国互联网络信息中心. 第 46 次《中国互联网络发展状况统计报告》[EB/OL]. 中国互联网络信息中心，2020-09-29.

② 搜狐网. 饿了么低调上线食材 B2B 采购平台"有菜"[EB/OL]. 搜狐网，2015-08-14.

③ 每日经济网. 新的万亿蓝海市场，快驴进货成为供应链数字化先锋 [EB/OL]. 每日经济网，2018-11-29.

增加明显；③从农副产品批发市场采购来的食材，源头多，食品安全风险高。外卖平台通过食材需求集聚，统一采购，质量标准规范，统一配送，不仅方便中小餐饮企业备餐，节省他们的运营成本，同时也降低了他们在运营中食品的安全风险。

（2）订餐平台介入外卖的配送环节

为确保餐品以优质的状态送达，美团外卖采取三重措施强化配送管理。一是配送保温箱的设计。美团外卖和第三方公司合作研发出一款兼具制冷层和制热层的保温箱，以维持饭菜、冷饮的适宜温度。二是配送员的清洁工作流程管理。美团骑手和商家配送员须取得有效健康证明方可上岗，配送员被要求养成衣帽清洁、先洗手后取餐等卫生习惯。三是研发出一款"实时配送智能调度系统"，推出"30分钟准时达"等服务标准，配送时效得到保证。

问题及局限性：第三方平台介入网络零售供应链方面，在品类和范围上都较为有限。基于成本和利益考虑，第三方平台主要在一些单品价值较高、溢价显著的品类有动力去介入。订餐平台介入外卖供应链有三方面的问题及局限性。①外卖平台对餐饮商户的2B食材业务，非标品的质量安全管控仍是难点。食材主要包括米面粮油、蔬菜鸡蛋、时令水果、肉禽水产等生鲜产品，以及酒水饮料、方便速食、调料酱菜和餐厨用品等在内的各种商品。从采购管理视角，这些食材可分为两类，一类是标品，如米面粮油、方便速食、调料酱菜等包装与预包装食品，以及易耗的方便餐盒餐具等；另一类为非标品，如果蔬肉禽等生鲜产品。目前，平台着力推广安全餐盒餐具，标品统购，已显著提高了餐饮行业的食品安全水平，但在非标品的生鲜农产品上，尤其是果蔬上，因主要来源于批发市场，其食品安全仍然难以把控。②平台食材业务推广仍面临餐饮单位原有采购体系和既得利益者阻碍。实地调研中，一些资质很好的食材2B企业反映，他们在一些餐饮企业公开招标中有不少这方面的案例。③无论美团快驴还是有菜，相对于有50年经验、销售额超过100亿美元的国际食材配送巨头西斯科（Sysco），发展历史很短，在产品库存保有单位（SKU）开发、标准化及物流配送上，虽然在全球第一餐饮市场上有很大的成长空间，但也有很长的路要走，无论是技术还是市场经验都需要累积。

（3）订餐平台用技术赋能外卖商户

餐饮行业面临两个快速发展：一个是显性的，即到家外卖；另一个不那么显性，但从行业变革角度讲却更关键——餐饮行业数字化升级。面对每天数千万单的餐饮交易量，从食材供应链到后厨卫生、配送环节的安全保障，物联网技术毫无疑问可以发挥高效的食品安全保障作用。特别是随着5G时代到来，数据、物联网高清技术与商业耦合，将对食品安全发挥更加重要的作用。

以饿了么为例，口碑智慧餐厅将外卖、前厅、后厨及中央厨房完整串联起来，商家端制作流程全部上线，消费者端实现所有问题追踪复查，减少食品安全事件发生。通过后厨管理系统，对来自各渠道的订单进行排序，保证消费者拿到的餐品都是最新鲜的。供应链环节的全程可追溯系统，也有力保障了食品安全。

口碑智慧餐厅的"明厨亮灶"监控系统覆盖北京、上海、广州等43个城市，每天参与商户过万，触达用户过百万，这些都是正在积极推进的阿里商业操作系统餐饮版的一部分。通过该系统，能够实现对店铺的实时动态服务、透明服务，商家和平台掌握消费趋势和消费结构,明确食品安全管理的重点方向。特别是通过该系统实现了与消费者及时互动,最短时间发现问题、解决问题。

四、本章小结

本章首先从理论上分析第三方平台,基于技术与流程的优势,有参与食品安全监管的便利、动力和能力。其次梳理第三方平台,就《食品安全法》(2018 年修正)第 62 条规定及相关管理条例,在食品安全监管方面的自主治理和协同监管两类实践及其存在的问题与局限。

第三方平台的食品安全自主治理,主要体现在食品店铺准入及经营管理、商家分类、介入网购食品供应链四方面,取得了较好食品安全管控效果,但仍存在一些问题及局限性:①网上食品商家市场准入资质、网上食品信息真实性、平台食品常规安全抽检等,完全由第三方平台核查,既有成本制约,又有能力不足的困难;②网上食品买家是食品质量信息的弱势方,也是利益易受损方,其权益申诉,因时间、成本与食品安全技术约束所导致的难以赔付的困难;③平台通过商家分类,介入食品供应链,以品牌、品质、标准化引导产业发展等业务,具有显著的公益性和外部性,但其中的一些项目因为在平台声誉、商家利益与消费者权益方面没有取得较好平衡,最终难以为继;④平台因扩大入驻商家数量的内生动力而在某些方面未严格执行有关管理规定。

基于"共建共治共享"的社会治理理念,以及资源和能力的局限性,第三方平台与政府监管部门,联合开展了一些协同监管项目,取得了良好的食品安全监管效果，提升了网购食品安全监管的信息化水平，也降低了食品安全信息方面的重复性投入，有利于综合多个来源的信息对食品安全风险进行综合评估。但从实施范围来看，第三方平台参与的协同监管项目主要集中在一线城市，未在全国范围内广泛开展，主要受制于目前政府部门的监管理念、技术水平及投入成本、体制机制方面的障碍。

第四章

网购消费者参与食品安全监管的现状分析

网购消费者作为网购食品的消费主体，网购食品安全权益的保障对象，是网络食品安全监管不可或缺的参与者之一。本章回顾了网购消费者参与食品安全监管的相关文献，明确了将消费者作为网购食品安全监管的重要参与主体的必要性，并分析了当前网购消费者参与食品安全监管的方式及制约因素。在此基础上，顺应数字化监管趋势，给出了消费者负面在线评论在食品安全监管中的应用方法及示例，为采用数字技术进一步挖掘消费者反馈中隐含的食品安全信息提供了方向和指引。在本章结尾处，总结分析了网购消费者参与食品安全监管的现状。

一、网购消费者参与食品安全监管的文献回顾

由于网络食品交易的发展历程较短，因而直接研究网购消费者参与食品安全监管的文献很少。因此，本节通过回顾一些探讨广义的食品消费者参与食品安全监管的文献，进而增进对网购消费者参

与食品安全监管的认识。

一些学者围绕为什么食品安全监管需要消费者的参与展开研究。戚建刚（2017）以食品安全社会共治的视角对消费者参与食品安全监管进行了研究，指出《宪法》为消费者参与提供了根本性规范依据，《食品安全法》为消费者参与提供了直接性规范依据；戚建刚和张晓璇（2019）从法理上说明了参与食品安全监管不仅是消费者权利的一部分，更是其公民权利的体现。同时，牛亮云和吴林海（2017）指出，消费者参与也是弥补监管力量不足和防范政府失灵的需要。

一些学者围绕消费者参与食品安全监管的方式展开研究。戚建刚和张晓璇（2019）指出，针对食品安全的投诉举报是消费者参与的重要方式，而投诉举报的渠道包括行政主管部门、食品行业协会或消费者协会等。牛亮云和吴林海（2017）将消费者参与的方式梳理为立法、执法和司法三方面，其中立法是指参与政策制定，执法主要是指监督和举报，司法主要是指民事诉讼。此外，最新的文献强调向消费者提供更为全面的食品安全信息从而通过消费者"用脚投票"的市场机制来倒逼食品商家提高食品安全水平，这也是消费者参与的重要方式（周广亮，2019；李静，2019）。

也有一些研究指出了消费者参与食品安全监管面临的制约因素。虽然从法理上来说，消费者参与是有明确依据的，但在操作层面仍缺乏合理的制度安排。例如，高凛（2019）分析了食品安全治理中的消费者投诉举报制度，指出该制度存在举报人隐私保护较差以及奖励金额较小等问题，导致无法激励消费者的积极参与。另外一些学者指出消费者的食品安全信息获取较为有限，这不仅是常态化信息交流和共享机制缺失的结果（李静，2019），也反映了消费者食品安全知识普及和教育的不足（吴晓东，2018）。

以上三个研究方向对本章研究网购消费者参与食品安全监管提供了重要的借鉴。第一，网购消费者参与对食品安全监管来说是必要的。网购仅是食品购买的一个渠道，网购消费者理应享有法律赋予的参与食品安全监管的权利；同时，网购消费者参与食品安全监管也是弥补监管力量不足、矫正政府失灵的有效手段。第二，网购消费者参与食品安全监管的方式不仅体现在立法、执法和司法等方面，也包括在知晓食品安全信息的情况下用消费者自主选择的市场机制实现优胜劣汰。第三，网购消费者参与食品安全监管需要适宜的制度安排和食品安全信息的获取。

二、网购消费者参与食品安全监管的方式及制约因素

本节分析了网购消费者投诉举报、在线评论、民事诉讼三种参与食品安全监管的方式，并总结了消费者参与食品安全监管的制约因素。

（一）网购消费者的食品安全投诉举报

从投诉举报的受理主体来看，主要包括市场监管部门和第三方平台。

1. 向市场监管部门的投诉举报

市场监管部门开通了两条举报热线，分别是"12331"热线和"12315"热线。《国务院关于机构设置的通知》（国发〔2018〕6

号）将原食品药品监督管理部门和原工商行政管理部门的职责统一纳入了市场监管部门。相应地，原食药举报热线"12331"和原工商举报热线"12315"也被归入了新设立的市场监管部门。《网络食品安全违法行为查处办法》第23条规定：消费者因网购食品安全违法问题进行投诉举报的，由网络食品交易第三方平台提供者所在地、入网食品生产经营者所在地或者生产经营场所所在地等县级以上地方食品药品监督管理部门处理。据此，市场监管部门负责执行原食药部门的食品安全投诉举报。另外，国家市场监管总局《关于整合建设12315行政执法体系更好服务市场监管执法的意见》（国市监网监〔2019〕46号）指出，到2020年底，基本建立统一、权威、高效的12315行政执法体系，今后的食品安全类投诉举报将由"12315"热线统一受理。

2. 向第三方平台的投诉举报

第三方网络零售平台和网络订餐平台都制定了食品安全投诉举报的相关制度。相较而言，由于第三方网络零售平台的经营范围十分广泛，食品经营仅是其很小的一部分，因而其食品安全投诉举报的有关制度不如网络订餐平台规定得细致。

网络零售方面，以淘宝网为例，消费者遭遇食品安全问题后，在与入驻商户协商未果的情况下，可以向平台投诉举报。通常情况下，平台都会根据双方提供的证据做出公平、公正的裁决。另外，淘宝网还提供了其他申诉和曝光渠道，通过该渠道消费者遭遇的食品安全问题不仅能够得到解决，而且还能告诫他人。如当消费者与入驻商户存在纠纷时，消费者可以即时拍照保留证据，在网页提出平台介入申请，并上传相关证据，平台方就会根据证据，依照平台的交易纠纷处理规则做出相应的处理决定。

网络订餐方面，当消费者订餐遇到食品安全问题时，例如，发现餐品出现异物，消费者上传问题餐品照片后，平台立即启动赔付机制，以保障消费者权益。美团点评"先行赔付"机制对消费者可能遇到的食品安全问题执行详细的分类标准并明确各等级问题的赔付方式，最高可按支付金额的十倍对消费者进行赔付。美团外卖拥有 500 人的客服团队，并设立食品安全投诉专用通道，在用户投诉 1 小时内即可做出回应，进而确保客户投诉的及时解决。2017 年 3 月 1 日，饿了么发布《饿了么食品品质问题投诉处理规则》，规定食品品质问题投诉受理时间为用户订单下单成功起 48 小时内，投诉渠道包括 App 内置的投诉举报入口以及热线电话。同时，饿了么较为明确地界定了不同类型的食品品质问题（见表4-1）。

表4-1　饿了么食品品质问题界定

食品品质问题涉及场景
昆虫：菜青虫、米小黑虫、米小肉虫、蚂蚁、小飞虫、小飞蛾、瓢虫等米菜中常见昆虫
毛发：头发、眼睫毛、分离状的鸡鸭毛动物毛等
线绳胶带：棉线、纱线、塑料绳、皮筋、麻绳、钢丝球碎屑、塑料刷毛、动植物刷毛、丝瓜筋碎屑、洗碗海绵碎渣、塑料胶带、塑料袋碎片、纸屑碎片等
包装及标签等：包装袋碎片、包装纸碎片、商标碎片、标签碎片（食品本身的除外）、塑料瓶盖、塑料泡沫等
其他异物：米菜中常见沙砾及小石子、漏网、抹布、香皂肥皂、钢丝球等厨房用具
饭菜未做熟影响食用或不看备注影响食用（合理备注需求）、食品漏洒或未保持餐品完整且影响食用等
食物分量少、不符合口味、与图片不符

（二）网购消费者的食品安全在线评论

网购消费者通过网站发布的食品点评信息，蕴含了很多有价值的线索。数以万计的网购消费者直接食用食品或餐品，构成了庞大的群众监督组织，把他们的评价信息统计、分析出来，则在较大程度上能为食品安全监管提供决策参考。如今大数据统计分析技术已经能够为在线评论的数据挖掘提供技术保障。例如，美团点评与监管部门合作开发出"餐厅市民评价大数据系统"，由系统智能检索分析用户在大众点评、美团外卖等网络平台上的评价，继而形成负面信息线索库，让政府抽查有的放矢。举例来说，负面信息线索库含有"违禁食品及异物""食品变质""环境卫生""疑似事故"等几大类，对应的关键词包括"吃出玻璃""吃出虫子""蛆""河豚""穿山甲""醉蟹""吃坏肚子""馊""蟑螂""医院""中毒""呕吐"等好几十个。一旦消费者在对餐厅点评时使用如上字眼，就会被大数据系统捕捉到，然后经过量化统计及数据可视化后，共享给监管部门。据悉，美团点评的"餐厅市民评价大数据系统"已经与上海市长宁区市场监督管理局对接，并帮助监管部门发现了一些违法商家。

（三）网购消费者的食品安全民事诉讼

《民法通则》第一百二十二条规定："因产品质量不合格造成他人财产、人身损害的，产品制造者、销售者应当依法承担民事责任。"《消费者权益保护法》第三十五条规定："消费者在购买、使用商品时，其合法权益受到损害的，可以向销售者要求赔偿。消费者或者其他受害人因商品缺陷造成人身、财产损害的，可以向销售者要求赔偿，也可以向生产者要求赔偿。"在维权过程中，网购消费者可以选择侵权诉讼和违约诉讼两种方式。根据《最高人民法院关于民事诉讼证据的若干规定》的规定，此类纠纷实行举证责任倒置，即受害人只要举证证明购买、食用了存在安全问题食物的事实并受到人身伤害，其他的举证责任全部在于生产者或经营者，如果生产者或经营者不能提供证据证明存在法定的免责事由，就必须无条件地承担赔偿责任。这就要求受害者应注意收集购买食物的发票或凭证、包装盒、病历、医生诊断证明、治疗费用发票、专家鉴定等。

（四）网购消费者参与食品安全监管的制约因素

目前，网购消费者通过投诉举报、在线评论和民事诉讼等方式参与食品安全监管之中，消费者参与构成了网购食品安全监管工作的信息来源之一，但其仍面临三方面的制约因素。

第一，消费者参与的制度建设有待完善。以消费者投诉举报为例，政府监管部门、第三方平台与食品商家相互推诿责任的情况时有发生；同时，奖励金额较小，且对投诉举报人的隐私保护不到位。另外，我国的民事诉讼制度和民事赔偿制度还存在举证困难的问题，较高的举证成本使得消费者的食品安全维权成本常常大于维权收益。

第二，消费者参与的能力和意识有待增强。由于现代食品技术的日益复杂，消费者凭借感官判断获取的食品安全信息较为有限；同时，在许多消费者的观念中，食品安全监管应该完全由政府承担，没有认识到自身积极参与的作用。因此，应进一步加强面向消费者的食品安全知识宣传、普及和教育，让消费者树立主动参与的意识。

第三，消费者参与的范围有待扩大。目前消费者参与主要集中在事后的投诉举报、在线评论与民事诉讼，作用路径是通过食品安全问题信息的反馈从而达到惩戒不良商家的目标。从这个角度来看，当前消费者参与较少运用市场竞争机制，即在知晓食品安全信息的前提下用消费者自主选择实现优胜劣汰。

三、消费者负面在线评论在食品安全监管中的应用方法及示例

在线评论是网络口碑的一种形式（殷国鹏，2012）。目前在线评论的有关文献主要关注两方面：在线评论的有用性和在线评论的可靠性。对于前者，学者普遍认为在线评论对于商品销售绩效、消费者决策存在影响。例如，郝媛媛等（2009）以电影行业为例，说明在线影评的情感倾向对于电影票房收入存在显著影响；龚诗阳等（2012）研究发现，在线评论数量和评分对图书销量有显著正向影响，且负面评价对销量的负面影响超过正面评价对销量的提振；Shi and Liao（2017）研究发现，在线评论不仅影响消费者对产品的信任度，还对团购的消费决策产生显著影响。对于在线评论的可靠性与真实性，萨斯曼、西格尔（Sussman，Siegal，2003）为判断用户评论信息真实性提出了信息采纳模型，指出信息质量和信息源可信度共同决定信息真实性。李雨洁等（2015）以淘宝网为例发现商家存在操纵好评的行为，并给出计算商品真实质量得分的模型。消费者的选择偏好、是否评论、评论内容的趋同性会导致评分均值出现偏差，激励消费者购买后主动评价可以使在线评论均分更加客观地反映商品真实质量。由此可见，在线评论已经被部分学者应用到社会

科学研究之中。一些消费者在网购食品之后会对不愉快的消费体验给出负面评论，其中食品安全问题是导致负面评论的原因之一。因此，可将消费者负面在线评论对食品安全问题的反映作为食品安全监管工作的指引。出于这个原因，本节分别给出了将消费者负面在线评论用于网络零售和网络外卖的食品安全监管中的应用方法及示例，为采用数字化技术更好地挖掘消费者反馈中隐含的食品安全信息提供了方向和指引。

（一）在网络零售食品安全监管中的应用方法及示例

本节通过网络数据抓取技术和内容分析法，展示了利用消费者负面在线评论分析网络零售食品安全状况的应用方法及示例，以寻找网络零售食品安全的风险来源及关键控制点。

1. 研究设计

遵循内容分析的研究设计包含六个步骤：确定研究问题、选择样本、确定分析单元、编码、信度检验、数据分析（邱均平和邹菲，2004）。

（1）确定研究问题

网络零售食品的种类丰富、来源广泛，不同类型食品的安全水平存在一定的差异，只有进行区别化的研究，才能准确把握网络零售食品安全现状。本节通过对网络零售食品的消费者负面在线评论进行系统分析，并参考食品安全相关的研究成果，拟解决：

命题1：消费者视角下的网络零售食品安全问题的主要表现；

命题2：不同模式（自营和入驻）的网络零售食品安全问题有无显著差异；

命题3：不同种类的网络零售食品安全问题有无显著差异；

命题4：进口和国产的网络零售食品安全问题有无显著差异；

命题5：《网络食品安全违法行为查处办法》施行后，网络零售食品安全状况有无明显改善。

（2）选择样本

由于网络零售食品安全问题主要反映在消费者负面在线评论中，因此本节仅抓取网络零售食品的负面在线评论进行内容分析。

①样本网站的选取

本节以淘宝网和京东商城作为样本选取网站，主要原因在于：淘宝网是国内知名的食品电商入驻平台，京东商城也是知名的自营食品电商，两家电商平台都具有消费者评价功能，并且将消费者评价分为好、中、差三类，便于负面评论的抓取。

②样本食品品类的选取

网络零售食品的种类丰富，参考食品电商网站的分类，主要有休闲零食、新鲜水果、新鲜蔬菜、新鲜肉类、水产、酒水饮料、米面粮油等。本报告前期对北京地区的844名消费者进行了问卷调查，发现休闲零食与新鲜水果是消费者通过网络渠道购买频次最高的食品。因而，本节选择休闲零食和新鲜水果两个类别来研究网络零售食品安全问题。

③样本选取时间区间和品牌数量

时间区间：由于淘宝网和京东商城的评论保存时间较短，负面评论的具体抓取时间从2016年1月1日起，至2017年的5月1日，其中《网络食品安全违法行为查处办法》正式施行日（2016年10月1日）之前为第一期，实施后为第二期。

品牌数量：根据两类商品的品牌销量排序，一共获得销量前 42 位品牌的负面评论 6385 条。

对无意义、重复或者主观情感倾向严重的评论，基于客观性的考虑，并参考许多学者对于类似评论的处理办法，予以剔除从而保证了评论的有效性和可信性。

（3）确定分析单元

每一条负面评论都对应着一个消费事件。鉴于此，将每一条负面评论文本确定为分析单元。

（4）编码

为了建立有效的内容分析体系，本节抓取了近 2000 条负面评论进行预分析，通过对评论内容的预分析，确定了如下类别，并进行编码，具体如下：

①评论的基本信息

A. 运营模式：具体分为自营和入驻。

B. 食品品类：具体分为休闲零食和新鲜水果。

C. 来源：具体分为进口食品和国产食品。

D. 时间：以《网络食品安全违法行为处理办法》施行时间为节点，分为施行前和施行后。

②评论的内容信息

A. 食品安全相关性：根据评论是否与食品安全相关，分为食品安全因素和非食品安全因素。

B. 食品安全因素：从消费者感知角度对食品安全因素进一步分类，具体包括品质低下、变质、引起身体不适、包装问题、保质期问题（临期和过期）、有异物等。

以上的食品安全因素是根据消费者负面评论的预分析提炼而成的，具体分类方法依据见表4-2。

表4-2 网络零售食品安全因素及解释

序号	因素	解释
1	品质低下	食品形态发生改变，但可以食用，如薯片粉碎，水果发蔫、有黑斑等现象
2	变质	不能食用，如休闲零食霉变、胀包等；新鲜水果腐烂等情形
3	引起身体不适	食用后身体出现不良反应，如食用后出现腹泻、肚子痛等情况
4	包装问题	包装损坏并导致了食品安全问题，如休闲零食包装破损、漏洞等
5	临期	消费者收到食品的时刻接近保质期截止时间
6	过期	消费者收到食品时已过保质期截止时间
7	有异物	休闲零食包装内容物中混有异物，如食品中混有砂石、铁丝、头发等情形

（5）信度检验

本节的正式编码工作由两名研究人员共同完成。两位研究人员分别独自对样本中随机抽取的 200 条评论进行编码，求得两组编码的斯皮尔曼等级相关系数（Spearman 秩相关系数）为 0.914，查阅 Spearman 秩相关系数的临界值表可知，两组数据通过一致性检验（$\alpha = 0.05$）。

2. 统计分析

（1）样本情况

本节共收集有效负面评论样本 6385 个，评论的分布情况如表4-

3：从运营模式看，自营方面评论占比约为 43.9%，入驻方面评论约占 56.1%；从食品品类看，休闲零食方面评论占比约为 49.8%，新鲜水果方面评论占比约为 50.2%；从来源上看，国产食品方面评论约占 63.2%，进口食品方面评论约占 36.8%；从时间节点看，办法施行前评论约占 52.1%，施行后评论约占 47.9%。可以看出，评论样本的分布较为合理，保证了样本分析的统计意义。

表 4-3　网络零售食品负面评论样本分布情况

		频数	百分比（%）	累积百分比（%）
运营模式	自营	2803	43.9	43.9
	入驻	3582	56.1	100
品类	休闲零食	3181	49.8	49.8
	新鲜水果	3204	50.2	100
来源	国产	4038	63.2	63.2
	进口	2347	36.8	100
时间	施行前	3326	52.1	52.1
	施行后	3059	47.9	100

（2）命题检验与分析

①消费者角度的网络零售食品安全问题的主要表现

在总样本中，涉及食品安全问题的样本共有 2803 个，约占样本总体的 43.9%。可以看出，网络零售食品安全问题是导致消费者负面评论的主要因素。从负面评论的内容来看，出现频率最高的网络零售食品安全问题依次为变质问题（51.7%）、包装问题（18.7%）和品质低下问题（14.7%），详见表 4-4。

表 4-4　按序排列的质量安全情况

自营电商	变质问题（53.2%）、包装问题（20.1%）、品质低下（14.5%）
入驻电商	变质问题（50.4%）、包装问题（17.6%）、品质低下（14.8%）
休闲零食	包装问题（42.5%）、身体不适（15.6%）
新鲜水果	变质问题（76.8%）、品质低下（17.3%）
国产食品	变质问题（50.9%）、包装问题（17.4%）、品质低下（14.2%）
进口食品	变质问题（52.7%）、包装问题（20.6%）、品质低下（15.2%）

②不同类型网络零售食品安全问题的差异性检验

差异性检验见表 4-5，描述性交叉分析见表 4-6。

A. 不同种类网络零售食品安全问题的差异性检验

休闲零食和新鲜水果的食品安全问题表现存在显著性差异。两类食品的差异性表现如下：

新鲜水果的"有异物"、"临期"和"过期"三个指标的统计值都为 0，原因在于新鲜水果没有深加工环节，没有明确的保质期限。

休闲零食主要问题是包装问题和引发身体不适问题，比例分别为 42.5% 和 15.6%。而新鲜水果的主要问题是变质和品质低下，比例分别为 76.8% 和 17.3%。

B. 不同模式网络零售食品安全问题的差异性检验

休闲零食：有关食品安全的比例方面，sig 值为 0.044<0.05，拒绝原假设，即休闲零食在自营与入驻两种不同模式下，评论中有关食品安全的比例存在显著差异；在问题类别方面，由于 sig 值为 0.000<0.05，拒绝原假设，即休闲零食在两种不同模式下，发生的食品安全问题类别存在显著差异。

　　具体来看，休闲零食中，来自入驻的负面评论中反映变质问题的比例为 13.1%，有异物为 11.2%，而自营的负面评论中反映变质和有异物的比例分别为 5.9% 和 2.4%，差异明显，我们推测，自营电商的休闲零食主要来自知名品牌供应商，而入驻电商的休闲零食供应商不仅有知名品牌供应商，而且还有许多小企业，与小企业相比，知名品牌供应商在食品安全方面更加有保障，所以自营休闲零食的变质问题和存在异物的问题比例要明显低于入驻电商。

　　新鲜水果：有关食品安全的比例方面，sig 值为 0.001<0.05，拒绝原假设，即新鲜水果在自营与入驻两种不同模式下，评论中有关食品安全的比例存在显著差异；在问题类别方面，由于 sig 值为 0.000<0.05，拒绝原假设，即新鲜水果在两种不同模式下，发生的食品安全问题类别存在显著差异。

　　具体来看，新鲜水果中，自营的负面评论中反映品质低下问题的比例为 14.0%，而入驻的比例为 20.3%；自营中反映包装问题的比例为 7.5%，而入驻的比例仅为 1.4%。

表 4-5　网络零售食品安全问题的差异性检验表

		Pearson 卡方检验					
		是否与食品安全相关			食品安全问题类别		
		值	df	渐进 Sig.	值	df	渐进 Sig.
模式	休闲零食	4.038	1	0.044	80.882	1	0.000
	新鲜水果	11.623	1	0.001	51.554	1	0.000
来源	国产	2.756	1	0.097	297.559	1	0.000
	进口	66.881	1	0.000	8.235	1	0.041
办法实施前后	自营	1.880	1	0.170	2.643	1	0.852
	入驻	1.739	1	0.187	28.785	1	0.000

表4-6　网络零售食品安全问题的交叉统计表

序号			是否与食品安全相关		食品安全问题类别						
			否	是	品质低下	变质	身体不适	包装	有异物	临期	过期
1	自营	休闲零食	775 64.60%	425 35.40%	65 15.30%	25 5.85%	59 13.90%	190 44.70%	10 2.35%	62 14.60%	14 3.30%
		新鲜水果	777 48.50%	826 51.50%	116 14.00%	640 77.50%	8 1.00%	62 7.50%			
	入驻	休闲零食	1348 68.00%	633 32.00%	43 6.80%	83 13.10%	106 16.70%	260 41.10%	71 11.20%	38 6.00%	32 5.10%
		新鲜水果	680 42.50%	921 57.50%	187 20.30%	701 76.10%	20 2.20%	13 1.40%			
2	休闲零食	自营	775 64.60%	425 35.40%	65 15.30%	25 5.90%	59 13.90%	190 44.70%	10 2.40%	62 14.60%	14 3.30%
		入驻	1348 68.00%	633 32.00%	43 6.80%	83 13.10%	106 16.70%	260 41.10%	71 11.20%	38 6.00%	32 5.10%
	新鲜水果	自营	777 48.50%	826 51.50%	116 14.00%	640 77.40%	8 1.00%	62 7.50%			
		入驻	680 42.50%	921 57.50%	187 20.30%	701 76.10%	20 2.20%	13 1.40%			

续表

序号			是否与食品安全相关		食品安全问题类别						
			否	是	品质低下	变质	身体不适	包装	有异物	临期	过期
3	休闲零食	国产	1380 / 67.80%	656 / 32.20%	52 / 7.90%	97 / 14.70%	161 / 24.50%	242 / 37.10%	76 / 11.60%	17 / 2.60%	10 / 1.60%
		进口	743 / 64.90%	402 / 35.10%	56 / 13.90%	11 / 2.70%	4 / 1.00%	207 / 51.50%	5 / 1.20%	83 / 20.70%	36 / 9.00%
	新鲜水果	国产	1022 / 51.00%	980 / 49.00%	181 / 18.50%	736 / 75.10%	22 / 2.20%	41 / 4.20%	N	N	N
		进口	435 / 36.20%	767 / 63.80%	122 / 15.90%	605 / 78.90%	6 / 0.80%	34 / 4.40%	N	N	N
4	自营零食	施行前	402 / 62.80%	238 / 37.20%	40 / 16.80%	13 / 5.50%	29 / 12.20%	107 / 45%	5 / 2.10%	35 / 14.70%	9 / 3.80%
		施行后	373 / 66.60%	187 / 33.40%	25 / 13.40%	12 / 6.40%	30 / 16.00%	83 / 44.40%	5 / 2.70%	27 / 14.40%	5 / 2.70%
	入驻零食	施行前	724 / 66.80%	360 / 33.20%	23 / 6.40%	66 / 18.30%	46 / 12.80%	153 / 42.50%	34 / 9.45%	22 / 6.10%	16 / 4.45%
		施行后	624 / 69.60%	273 / 30.40%	20 / 7.30%	17 / 6.20%	60 / 22.00%	107 / 39.20%	37 / 13.50%	16 / 5.90%	16 / 5.90%

101

C. 不同来源网络零售食品安全问题的差异性检验

休闲零食：有关食品安全的比例方面，sig 值为 $0.05 < 0.097 < 0.1$，拒绝原假设，即国产和进口的休闲零食的负面评论中有关食品安全的比例存在显著差异；在问题类别方面，由于 sig 值为 $0.000 < 0.05$，拒绝原假设，即国产和进口的休闲零食所发生的食品安全问题类别存在显著差异。

具体来看：

a. 国产休闲零食的负面评论中与食品安全相关的比例为 32.2%，低于进口的比例（35.1%）

b. 在食品安全类别方面，国产休闲零食的变质问题、引发身体不适问题、有异物问题的比例分别为 14.7%、24.5% 和 11.6%，明显高于进口食品的 2.7%、1.0% 和 1.2%。

c. 国产休闲零食的包装问题、临期问题和过期问题的比例分别为 37.0%、2.6% 和 1.5%，明显低于进口食品的 51.5%、20.7% 和 9%。我们推测，进口零食由于运输时间长，且销售较慢是造成进口休闲零食的包装问题、临期问题和过期问题比例高于国产休闲零食的原因。

新鲜水果：有关食品安全的比例方面，sig 值为 $0.000 < 0.05$，拒绝原假设，即国产和进口的新鲜水果的负面评论中有关食品安全的比例存在显著差异；在问题类别方面，由于 sig 值为 $0.041 < 0.05$，拒绝原假设，即国产和进口的新鲜水果所发生的食品安全问题类别存在显著差异。

具体来看：

a. 国产新鲜水果负面评论中与食品安全相关的比例为 49.0%，

低于进口新鲜水果的比例（63.8%）。

b. 国产新鲜水果的变质问题的比例为 75.10%，低于进口新鲜水果的比例（78.90%），进口新鲜水果的食品安全水平逊于国产新鲜水果，有可能是因为进口水果的运输时间长、销售较慢。

D.《网络食品安全违法行为查处办法》施行前后，网络零售食品安全问题表现的差异性检验

据淘宝网与京东商城的运营商反映，休闲零食是网络零售中最受欢迎的食品品类。本节根据休闲零食的评论样本，对自营模式和入驻模式的政策效果分别进行检验。

自营模式：与食品安全相关的比例方面，sig 值为 0.170>0.05，接受原假设，即对于休闲零食，自营模式的负面评论中与食品安全相关的比例在《办法》实施前后无显著差异。在食品安全问题类别方面，sig 值为 0.852>0.05，接受原假设，即自营电商的休闲零食在食品安全问题类别方面无显著差异。

结合交叉统计表分析，《网络食品安全违法行为查处办法》施行后，自营电商的食品安全水平没有显著改善。

入驻模式：与食品安全相关的比例方面，sig 值为 0.187>0.05，接受原假设，即对于休闲零食，入驻模式的负面评论中与食品安全相关的比例在《办法》实施前后无显著差异。在食品安全问题类别方面，sig 值为 0.000<0.05，拒绝原假设，即对于休闲零食，入驻电商休闲零食的食品安全问题类别有显著差异。

具体来看，《办法》施行之后，入驻电商的休闲零食的变质问题的比例为 6.2%，比施行前的比例（18.3%）低 12.1%；身体不适问题的比例为 22.0%，比施行前的比例（12.8%）高 9.2%。入驻模式

下休闲零食的食品安全问题类别虽然存在显著差异，但并非改善。也就是说，《网络食品安全违法行为查处办法》施行后，入驻电商的食品质量安全问题没有显著改善。

两种运营模式下，检验结果表明，《网络食品安全违法行为查处办法》的施行效果并不明显，这可能是政策时滞性以及办法的惩罚力度不足导致。

（二）在网络外卖食品安全监管中的应用方法及示例

本节展示了利用消费者负面在线评论分析网络订餐食品安全状况的应用方法及示例。分析消费者对不同类型外卖商户的食品安全问题的揭露，以期为政府食品安全监管部门、订餐平台对不同类型外卖商户的规制工作提供针对性的参考。

1. 研究设计

本节先采用内容分析法得出消费者通过在线评论反映的食品安全主要问题的类型，再运用卡方检验对比分析不同类型餐饮外卖商家的食品安全状况差异，具体研究步骤如下。

（1）提出研究问题

本节依据网络订餐平台上的负面评论，试图探索三方面的问题。

问题1：消费者视角下各类型外卖商家食品安全方面的主要问题是什么？

问题2：不同类型的外卖商家出现的食品安全问题概率是否有显著差异？

问题3：不同类型的外卖商家出现的食品安全问题类型是否有显著差异？

（2）选取样本

根据易观智库的调查，白领商务市场、学生校园市场两者占网络餐饮外卖交易份额超过 80%，因而商务中心区、高校聚集区的餐饮外卖商户的负面在线评论具有较好的代表性。笔者于 2017 年 5 月初在美团外卖网站上以北京国贸三期大厦（商务中心区）、北京五道口（高校聚集区）为搜索中心，考虑到评论的可获得性，将研究范围限定为月销量 500 单以上的外卖餐厅，将月销量分为三个等级：①500~1000 单；②1001~2000 单；③2000 单以上。分别统计两地各等级销量的外卖商家数量占比，国贸处三个等级销量的商家比例约为 4：2：1，五道口处三个等级销量的商家比例约为 2：4：1。按照分层抽样的方式，国贸处选取三个等级中销量靠前的商家数量分别为 40 家、20 家、10 家，五道口处选取三个等级中销量靠前的商家数量分别为 20 家、40 家、10 家，并运用集搜客（GooSeeker）软件抓取这些商家从 2017 年 5 月 1 日到 2018 年 5 月 1 日的负面在线评论，共获得有效负面评论（有文字内容的负面评论）10274 条。所选取的商家类型较为丰富，既有经营黄焖鸡米饭、麻辣烫、地方小吃的中式餐饮店，也有肯德基、麦当劳等西式餐饮店，且所选取的 140 个商家的负面评论率均低于 5%，因而负面评论率对研究结论准确率的影响可忽略。

（3）扎根理论的范畴提炼

随机选取样本中的 2000 条负面评论，采用扎根理论中的选择性编码和开放式编码两个步骤进行范畴提炼。在开放式编码阶段，在整理和分析负面评论文本信息的基础上，从原始资料中提炼出 12 个初始概念。在选择性编码阶段，对上述 12 个初始概念进行同类项合并，得到消费者视角下的餐饮外卖食品安全问题的 6 个概念范畴：

食材不新鲜、卫生状况差、食品成熟度不适（未烧熟或烧焦）、保温不到位、引起身体不良反应、劣质餐具。编码结果详见表4-7。再抽取另外1000条负面评论进行检验，发现未能找到新的概念范畴，说明扎根理论的编码已达到理论饱和。通过与前文所述的文献进行对比，发现食材新鲜度、卫生状况、食品成熟度、温度等食品安全问题在用户评论中已经提及，而用户就餐后身体不适、劣质餐具是评论中反映出的新问题。

表4-7　消费者视角下的餐饮外卖食品安全问题类型

选择性编码	开放式编码	原始评论语句
食材不新鲜	剩饭剩菜	饭菜是昨天剩的；鱼肉特别不新鲜
	有异味	扁豆焖面里的肉都发霉了；菜馊了还给顾客吃，黑心商家
	色泽差	蔬菜沙拉里这么多泛黄的菜叶，没心情吃了；生鱼片发黑
卫生状况差	吃出异物	米饭吃出虫子；菠菜里吃出一大块钢丝球；卤肉饭里有几根头发
	未清洗干净	菜叶上有泥土；青菜你们洗了吗
食品成熟度不适	未烧熟	包子很硬；蒸饺不熟；没做熟的饭也送来；米饭是夹生的
	烧糊烧焦	鸡排炸糊了；菜烧焦了，只能倒掉；烧糊的饭菜含致癌物
保温不到位	饭菜凉了	小米粥凉了；汉堡都冰了，怎么吃
引起身体不良反应	腹泻	就餐两小时后拉肚子了，住院治疗了两天
	胃疼	吃完你们送的饭，胃疼了一下午
劣质餐具	餐具受热发出异味	打开餐盒后一股塑料烧焦的味道，付费餐具就这种质量吗
	"三无"餐具	无厂址、无厂家、无生产日期的"三无"餐具建议大家慎用

（4）建立类目

根据对样本的阅读分析，并参照前人研究成果，构建两部分指标。

第一部分：餐饮外卖商户基本属性指标。

①月销量，分为：a. 500～1000 单；b. 1001～2000 单；c. 2000 单以上。

②地理位置，分为：a. 商务中心区；b. 高校聚集区。

③业态，根据《餐饮服务许可管理办法》的分类，分为 a. 餐馆；b. 快餐店；c. 小吃店；d. 饮品店。

④规模，根据《餐饮服务许可管理办法》，分为：a. 小型；b. 中型；c. 大型。

⑤品牌形象，分为 a. 品牌商家（具有多家实体店的连锁餐饮企业方可申请"品牌商家"标识）；b. 非品牌商家。

⑥配送方式，分为：a. 平台专送；b. 其他方式。

⑦量化评级公示情况，属地食品药品监督管理局负责对餐饮企业进行食品安全量化评级，因而可按照该商户是否在平台上公示其评级分为：a. 公示；b. 不公示。

⑧餐食类型，分为 a. 中式餐饮店；b. 西式餐饮店；c. 其他。

第二部分：食品安全属性指标。按照负面评论是否提及食品安全问题，分为：①提及食品安全问题；②不提及食品安全问题。

（5）信度检验与编码

运用内容分析法时，编码员间信度检验是必不可少的步骤。完成类目构建工作后，两位统计员分别独自对样本中随机抽取的 300 条评论进行编码，求得两组编码的 Spearman 秩相关系数为 0.923，查阅 Spearman 秩相关系数的临界值表可知，两组数据通过一致性检验（α=0.05）。之后，两位统计员每人负责 70 家餐饮外卖商户负面评论的编码，并将数据汇总录入 SPSS22.0 之中。

2. 统计分析

（1）样本情况描述

样本结构见表 4-8，不再重复叙述。3595 条负面评论提及食品安全问题，占负面评论样本总量的 35%，其涉及的食品安全问题种类依频率由高到低排列：1190 条（33.1%）为食材不新鲜；963 条（26.8%）为卫生状况差；628 条（17.5%）为食品成熟度不适；449 条（12.5%）为饭菜保温不到位；267 条（7.4%）为引起身体不良反应；98 条（2.7%）为劣质餐具。

表 4-8　样本的描述性统计

月销量（单）	频数（条）	百分比（%）
500~1000	2301	22.4
1001~2000	3528	34.3
2000 以上	4445	43.3
地理位置	频数（条）	百分比（%）
商务中心区	4274	41.6
高校聚集区	6000	58.4
业态	频数（条）	百分比（%）
餐馆	6099	59.4
快餐店	1420	13.8
小吃店	2313	22.5
饮品店	442	4.3

规模	频数（条）	百分比（%）
小型	4457	43.4
中型	4874	47.4
大型	943	9.2
品牌形象	频数（条）	百分比（%）
品牌商家	5369	52.3
非品牌商家	4905	47.7
评级公示状况	频数（条）	百分比（%）
公示	4594	44.7
不公示	5680	55.3
配送方式	频数（条）	百分比（%）
平台专送	1546	15.0
其他方式	8728	85.0
餐食类型	频数（条）	百分比（%）
中式餐饮	7883	76.7
西式餐饮	1652	16.1
其他	739	7.2

（2）商家属性与"负面评论是否提及食品安全问题"的列联表分析

餐饮外卖商家属性与"负面评论是否提及食品安全问题"的列联表与卡方检验结果见表4-9。原假设为：商家属性与"负面评论是否提及食品安全问题"无显著差异（$\alpha = 0.05$）。

表 4-9　商家属性与"负面评论是否提及食品安全问题"的列联表分析

	负面评论是否提及食品安全问题	是	否
分类 1：月销量	500~1000 单	835（36.3%）	1466（63.7%）
	1000~2000 单	1298（36.8%）	2230（63.2%）
	2000 单以上	1462（32.9%）	2983（67.1%）
分类 1 的卡方检验：	$\chi^2 = 15.349$, p 值 = 0.000		
分类 2：地理位置	商务中心区	1430（33.5%）	2844（66.5%）
	高校聚集区	2165（36.1%）	3835（63.9%）
分类 2 的卡方检验：	$\chi^2 = 7.562$, p 值 = 0.006		
分类 3：业态	餐馆	2308（37.8%）	3791（62.2%）
	快餐店	369（26.0%）	1051（74.0%）
	小吃店	851（36.8%）	1462（63.2%）
	饮品店	67（15.2%）	375（84.8%）
分类 3 的卡方检验：	$\chi^2 = 152.145$, p 值 = 0.000		
分类 4：规模	小型	1598（35.9%）	2859（64.1%）
	中型	1675（34.4%）	3199（65.6%）
	大型	322（34.1%）	621（65.9%）
分类 4 的卡方检验：	$\chi^2 = 2.591$, p 值 = 0.274		

续表

负面评论是否提及食品安全问题

		是	否
分类 5：品牌形象	品牌商家	1742(32.4%)	3627(67.6%)
	非品牌商家	1853(37.8%)	3052(62.2%)
分类 5 的卡方检验：	$\chi^2 = 32.039, p$ 值 $= 0.000$		
分类 6：评级公示情况	公示	1412(30.7%)	3182(69.3%)
	不公示	2183(38.4%)	3497(61.6%)
分类 6 的卡方检验：	$\chi^2 = 66.153, p$ 值 $= 0.000$		
分类 7：配送方式	平台专送	550(35.6%)	996(64.4%)
	其他方式	3045(34.9%)	5683(65.1%)
分类 7 的卡方检验：	$\chi^2 = 0.273, p$ 值 $= 0.601$		
分类 8：餐食类型	中式餐饮	2981(37.8%)	4902(62.2%)
	西式餐饮	315(19.1%)	1377(80.9%)
	其他	299(40.5%)	440(59.5%)
分类 8 的卡方检验：	$\chi^2 = 221.501, p$ 值 $= 0.000$		

由卡方检验结果可知，月销量、地理位置、业态、品牌形象、评级公示情况、餐食类型不同的商家，其食品安全状况有显著差别，而规模、配送方式与其食品安全状况关联不大。从表4-9可以看出：①月销量2000单以上的餐厅食品安全状况好于月销量少于2000单的餐厅；②高校聚集区的餐厅食品安全状况比商务中心区差；③饮品店、快餐店相较于餐馆、小吃店更少存在食品安全问题；④品牌商家的食品安全状况优于非品牌商家；⑤选择公示评级的餐厅食品安全状况更好；⑥西式餐饮的食品安全状况明显优于中式餐饮。

（3）商家属性与"食品安全问题类型"的列联表分析

本节以3595条提及食品安全问题的负面评论为样本，餐饮外卖商家属性与"食品安全问题类型"的列联表与卡方检验结果见表4-10。原假设为：商家属性与"食品安全问题类型"无显著差异（α=0.05）。

①月销量

月销量不同类型的商家，其食品安全问题类型存在显著差异。随着月销量的提升，出现"食材不新鲜"的频率下降，而"卫生状况差"的频率上升。可能是由于月销量高的餐饮店食材不需要长时间储存，因而新鲜度较高；但大量的订单使其放松了对厨房环境的维护、对从业人员卫生规范的要求。

②地理位置

地理位置不同的商家，其食品安全问题类型存在显著差异。商务中心区、高校聚集区出现最多的两类问题均是"食材不新鲜""卫生状况差"，但商务中心区排在三、四位的问题为"保温不到位""食品成熟度不适"，高校聚集区则反之。

③业态

不同业态的商家，其食品安全问题类型显著差异。小吃店"食材不新鲜"问题比其他业态严重，快餐店"饭菜保温不到位"问题比其他业态严重，饮品店导致消费者身体不良反应的频率远高于其他业态。

④规模

不同规模的商家，其食品安全问题类型存在显著差异。小型餐厅"食材不新鲜"问题明显少于大中型餐厅，中型餐厅"卫生状况差"问题明显少于小型、大型餐厅。

⑤品牌形象

品牌形象不同的商家，其食品安全问题类型存在显著差异。品牌商家的前两位问题分别为"食材不新鲜""卫生状况差"；而非品牌商家中，"卫生状况差"排在第一位，但"食材不新鲜"问题也很严重。

⑥评级公示状况

商家是否公示量化评级与其食品安全问题类型关系不大。不论商家是否公示其量化评级，"食材不新鲜""卫生状况差""食品成熟度不适"均是出现最多的三类问题。

⑦配送方式

配送方式不同的商家，其食品安全问题类型不存在显著差异。但平台专送在餐饮保温环节不如其他配送方式做得好，说明平台的自营配送需要完善保温设备和措施。

表4—10 商家属性与"食品安全问题类型"的列联表分析

		食品安全问题类型					
		保温不到位	食材不新鲜	卫生状况差	食品成熟度不佳	身体不良反应	劣质餐具
分类1：月销量	500~1000单	112 (13.4%)	314 (37.6%)	148 (17.7%)	197 (23.6%)	50 (6.0%)	14 (1.7%)
	1001~2000单	183 (14.1%)	474 (36.5%)	358 (27.6%)	77 (5.9%)	77 (5.9%)	23 (1.8%)
	2000单以上	154 (10.5%)	402 (27.5%)	457 (31.2%)	248 (17.0%)	140 (9.6%)	61 (4.2%)
卡方检验：	$\chi^2 = 128.956$	p值=0.000					
分类2：地理位置	商务中心区	216 (15.1%)	515 (36.0%)	368 (25.8%)	202 (14.1%)	76 (5.3%)	53 (3.7%)
	高校聚集区	233 (10.8%)	675 (31.2%)	595 (27.4%)	426 (19.7%)	191 (8.8%)	45 (2.1%)
卡方检验：	$\chi^2 = 57.897$	p值=0.000					

续表

		保温不到位	食材不新鲜	卫生状况差	食品成熟度不佳	身体不良反应	劣质餐具
分类3：业态	餐馆	253 (11.0%)	723 (31.3%)	655 (28.3%)	443 (19.2%)	168 (7.3%)	66 (2.9%)
	快餐店	89 (24.0%)	123 (33.3%)	68 (18.4%)	54 (14.6%)	28 (7.6%)	7 (1.9%)
	小吃店	107 (12.6%)	324 (38.1%)	215 (25.3%)	129 (15.1%)	54 (6.3%)	22 (2.6%)
	饮品店	0 (0.0%)	20 (29.9%)	25 (37.3%)	2 (3.0%)	17 (25.3%)	3 (4.5%)
卡方检验：	$\chi^2 = 125.383$	p值=0.000					
分类4：规模	小型	177 (11.1%)	484 (30.2%)	482 (30.2%)	265 (16.6%)	149 (9.3%)	41 (2.6%)
	中型	229 (13.7%)	593 (35.4%)	391 (23.4%)	309 (18.4%)	99 (5.9%)	54 (3.2%)
	大型	43 (13.4%)	113 (35.1%)	90 (27.9%)	54 (16.8%)	19 (5.9%)	3 (0.9%)

食品安全问题类型

续表

		保温不到位	食材不新鲜	卫生状况差	食品成熟度不佳	身体不良反应	劣质餐具
卡方检验：	$X^2 = 47.030$　p值 = 0.000						
分类5：品牌形象	品牌商家	244 (14.0%)	627 (36.0%)	397 (22.8%)	306 (17.6%)	122 (7.0%)	46 (2.6%)
	非品牌商家	205 (11.1%)	563 (30.4%)	566 (30.5%)	322 (17.4%)	145 (7.8%)	52 (2.8%)
卡方检验：	$X^2 = 35.851$　p值 = 0.000						
分类6：评级公示情况	公示	199 (14.1%)	480 (34.0%)	357 (25.3%)	234 (16.6%)	82 (5.8%)	60 (4.2%)
	不公示	250 (11.5%)	710 (32.5%)	606 (27.8%)	394 (18.0%)	185 (8.5%)	38 (1.7%)
卡方检验：	$X^2 = 36.389$　p值 = 0.112						

续表

		食品安全问题类型					
		保温不到位	食材不新鲜	卫生状况差	食品成熟度不佳	身体不良反应	劣质餐具
分类7:配送方式	平台专送	83 (15.1%)	198 (36.0%)	117 (21.3%)	115 (20.9%)	31 (5.6%)	6 (1.1%)
	其他方式	366 (12.0%)	992 (32.6%)	846 (27.8%)	513 (16.8%)	236 (7.8%)	92 (3.0%)
卡方检验:	χ²=26.109	p 值=0.084					
分类8:餐食类型	中式餐饮	315 (10.6%)	978 (32.8%)	832 (27.9%)	549 (18.4%)	223 (7.5%)	84 (2.8%)
	西式餐饮	84 (26.7%)	88 (27.9%)	73 (23.2%)	34 (10.8%)	28 (8.9%)	8 (2.5%)
	其他	50 (16.7%)	124(41.5%)	58 (19.4%)	45 (15.1%)	16 (5.4%)	6 (2.0%)
卡方检验:	χ²=95.703	p 值=0.000					

⑧餐食类型

餐食类型不同的商家，其食品安全问题类型存在显著差异。总体来看，各式餐饮外卖商户出现最多的问题均为"食材不新鲜"。中式餐饮在卫生状况、烹饪火候方面表现不如西式餐饮，可能是由于中式餐饮人工操作环节较多且烹饪工艺不易标准化，而西式餐饮（主要为麦当劳、肯德基等快餐店）制作流程的标准化程度更高。西式餐饮外卖的突出问题是"保温不到位"，需要在包装、配送环节加强保温措施。

（三）启示

1. 网络零售食品安全问题及监管建议

第一，不同网络零售食品种类之间在食品安全问题方面存在显著差异：新鲜水果的变质问题相对于其他问题更为显著，休闲零食的包装问题、引发身体不适问题相对较多。

第二，不同运营模式下的网络零售食品，出现的食品安全问题存在显著差异：相对于自营电商，入驻电商的休闲零食变质问题和异物问题更为严峻，其新鲜水果品质低下问题更为明显，这与平台入驻商家的规模小、品控能力稍弱有关。

第三，对比国内食品和进口食品的负面评论，进口食品的负面评论更多集中在食品安全上，而国产食品不仅限于食品安全，还包括物流配送等其他问题；国产休闲零食的食品安全问题主要集中在包装、身体不适、变质等，进口休闲零食的食品安全问题主要集中在包装、临期和品质低下方面。

建议相关电商企业应该对进口食品的采购、运输、销售及库存管理等进行优化;对国产休闲零食供应商资质要严格审查,其生产环境要实地考察,避免上述情况进一步恶化,对国产水果进行供应链优化,降低腐败变质率。

第四,《网络食品安全违法行为查处办法》施行前后,网络零售食品安全问题状况无显著差异。这与我们样本选择时期短,政策效果因时滞性而不明显有关,也有可能与查处办法中规定的违规成本不高有关。

2. 网络订餐食品安全问题及监管建议

首先,超过1/3的负面评论指出餐饮外卖存在食品安全问题,说明食品安全问题已成为消费者对网络订餐不满意的重要原因。在鼓励网络餐饮外卖这种互联网食品经营模式发展的同时,不可忽视食品安全的监管与保障,否则将影响行业的可持续发展。出现问题最多的依次是食材不新鲜(33.1%)、卫生状况差(26.8%)、食品成熟度不适(17.5%)、保温不到位(12.5%)。

其次,通过商家属性指标与"负面评论是否提及食品安全"的列联表分析可得出结论:月销量少的商家、高校聚集区的商家、餐馆、非品牌商家、中式餐饮商家出现食品安全问题的概率较高。此处有两个意外的发现。第一,餐饮外卖商户的食品安全状况并不随规模的扩大而显著改善,这提示监管部门:对商户的食品安全监管不应因规模不同而差别对待;第二,选择向公众披露其量化评级的商户在食品安全方面表现更好,可能是由于主动披露更多信息的商家,其食品安全意识更强,因而愿意付出更多实际行动以保障食品安全。量化评级公示对食品安全状况的正向效应提示订餐平台:应鼓励入驻商户披露包括量化评级在内的更多信息,这亦能让消费者知晓餐厅的更多信息从而更好地做出消费决策。

最后，通过商家属性指标与"食品安全问题类型"的列联表分析可得出结论：需要重点关注低销量商户和小吃店的食材采购与储存；对于快餐店、西式餐饮应重点改善配送环节的保温效果；对于人工操作较多的中式餐饮应重点完善从业人员操作规范、食品加工环境，同时提升操作流程的标准化程度。

在实际工作中，政府监管部门应加强与订餐平台的信息交流和共享。订餐平台可设立外卖食品安全状况评价模块，并采取措施鼓励消费者积极评论。让广大群众发挥主观能动性，参与到外卖食品安全监管中来，形成食品安全社会共治的良好氛围。

四、本章小结

本章回顾了网购消费者参与食品安全监管的相关文献，明确了将消费者作为网购食品安全监管的重要参与主体的必要性，并分析了当前网购消费者参与食品安全监管的方式及制约因素。当前消费者主要通过投诉举报、在线评论和民事诉讼等方式参与食品安全监管，但仍存在监管制度建设、消费者参与能力和意识以及消费者参与范围三方面的制约因素。

通过消费者消费体验后在网上的负面评价数据挖掘示例，确实可揭示网购食品安全风险的关键点。网络零售食品方面：①从品类来看，新鲜水果的变质问题最为显著，而休闲食品的包装问题最为显著；②从经营模式来看，入驻食品相较于自营食品的食品安全问题更为显著；③从食品来源看，国产休闲零食的食品安全问题主要集中在变质、引发身体不适、有异物等方面，而进口休闲零食的食品安全问题主要集中在包装、临期和品质低下等方面。网络订餐方面：①从食品安全问题类型来看，按问题出现频率由高到低依次是食材不新鲜、卫生状况差、食品成熟度不佳、保温不到位；②从商家属性来看，月销量少的商家、高校聚集区的商家、小吃店、非品牌商家、中式餐饮商家出现食品安全问题的概率较高；③从各类商家食品安全问题特点来看，需要重点关注低销量商户和小吃店的食材采购与储存；对于快餐店、西式餐饮应重点改善配送环节的保温效果；对于人工操作较多的中式餐饮应重点完善从业人员操作规范、食品加工环境，同时提升操作流程的标准化程度。

第五章

"信息技术+协同监管"的新型网购食品
安全预警

　　网购食品安全预警系统的构建，有助于网络食品交易的利益相关主体之间信息交流和共享，做到对网购食品安全问题的及时识别和应对。本章以网络订餐食品安全预警为背景，介绍了一个"信息技术+协同监管"的网购食品安全监管创新范例。本章采用贝叶斯网络模型，探索将食品监督管理部门、网络订餐平台、社会组织、消费者、专家等多元主体的食品安全信息有效整合，建立网络订餐食品安全预警系统，借助大数据挖掘和先验知识，估算网络订餐经营商户的食品安全风险水平，及时发现食品安全风险较高的餐饮商户和经营环节。网络订餐食品安全预警平台的建立，可充分调动市场和社会力量，形成监管合力。通过畅通信息渠道，保持网络订餐食品安全利益主体的有效互动，可在监管资源投入有限的情况下，提高监管效率。

一、食品安全预警的相关研究

食品安全预警，是指在食品安全风险分析的基础上，通过各种信息来源，监测、追踪可能引发食品安全问题的各类因素，通过分析决策、信息交流等途径，及时识别和预防食品安全事件的发生。欧美发达国家注重"从农田到餐桌"全过程的风险分析、风险管理，其中HACCP食品安全保障体系就是一个典型的例子，但全流程风险分析和预警是建立在大量的物理、化学、微生物危害因素的检验检测基础之上（Herrera，2004；Lammerding & Fazil，2000；Barlow & Boobis，2015），这无疑是我国食品安全预警体系未来的发展趋势，而其实现尚需时日。国内学者主要从理论、制度构建、应用三个维度对食品安全预警进行研究。理论方面，唐晓纯（2008）梳理了逻辑预警、系统科学预警、风险分析预警、信号预警四种食品安全预警应遵循的理论基础，形成食品安全预警的理论体系。制度构建方面，许建军和周若兰（2008）提出我国应完善以预警机制为基础的食品安全法律法规体系，加强食品安全管理机构的沟通和协调；詹承豫和刘星宇（2011）建议完善食品安全预警中公民、非营利性组织、新闻媒体、医疗机构等主体的参与机制、正向激励机制。应用方面，普遍的研究方法是运用数学模型对不同食品供应链的检验检测数据进行数据挖掘，研究对象主要集中在食品加工业，用到的数学模型有改进的关联规则挖掘APTPPA模型（顾小林等，2011）、层次分析法和人工神经网络结合的AHP-ELM模型（Geng et al.，2017）、集值加速迭代模型（宋宝娥，2014）等。亦有学者提出应综合物联网的数据采集功能和数据挖掘的风险分析和预警功能，运用到农业生产（Liu et al., 2016）、食品供应链（Wang & Yue, 2017）全程当中去。

上述文献在食品安全预警的理论基础、体制机制、应用模型等方面的分析对本章的研究具有很大的启发。尤其是上述文献提醒我们，随着大数据时代的到来，数据挖掘与知识发现应在食品安全预警领域发挥更大的作用。本章所构建的网络订餐食品安全预警系统在三方面与现有研究做出了不同的尝试。第一，本章针对网络订餐业态的食品安全预警进行研究，实质上是在餐饮服务业的范畴内进行分析，是对前人的农业生产、食品加工业的食品安全预警的补充。第二，本章以食药监部门的餐饮安全量化评级数据、订餐平台的消费者有关食品安全的负面评论数据、各种渠道的食品安全投诉举报数据为信源，以大数据挖掘和专家先验知识为根据，进行食品安全风险估算，实质上是从情报分析的角度对食品安全预警进行研究，对网络订餐各利益相关主体的已有信息进行整合利用，可节约监管成本。尤其要指出的是，外卖食品相较于批量生产的加工食品，其标准化程度要小得多，并且外卖餐饮店普遍规模小而分布散，难以进行全覆盖的检验检测，因此以食品供应链的检验检测数据为信源的分析方式对网络订餐食品安全预警工作的契合度不足。第三，本章在研究过程中，始终注重与食药监部门、大型网络订餐平台进行充分沟通，了解到双方目前在食品安全方面正不断加强信息共享，探讨合作框架。本章提出的以贝叶斯网络为模型构建网络订餐食品安全预警系统，得到了某大型订餐平台的重视，指标选取与模型建构是经过与该订餐平台充分沟通所得，并从食药监局、订餐平台获取样本数据进行实证分析，验证了系统的可行性。与前人的研究相比，更加贴近实际，具有一定的实践指导价值。

二、网络订餐食品安全预警系统的模型建构

（一）网络订餐食品安全风险信息指标体系

网络订餐食品安全的利益相关主体，包括政府食品安全监管部门（主要为各级食药监局）、订餐平台、社会组织（消费者协会、行业协会等）、消费者。要构建完善的网络订餐经营商户的食品安全风险评价指标体系，需逐一分析各主体所能提供的有关食品安全风险的信息。

政府食品安全监管部门：负责网络订餐食品安全监管的政府部门，主要是各级食品药品监管局，各级食药监局掌握着所辖区内餐饮店的食品安全信息，主要为资质信息、餐饮安全量化评级信息、12315热线的食品安全投诉举报信息。①对于资质信息，中分地方市场监管部已经将网络订餐经营商户的营业执照、餐饮服务许可证（食品经营许可证）等资质信息共享给各大订餐平台，订餐平台对不具备资质的餐饮店进行统一的下线处理；②对于餐饮安全量化评级信息，由于其是针对线下实体店各经营环节的评分，因而在运用到网络订餐食品安全评分时，需根据网络订餐食品操作流程特点（见图5-1），增加包装、配送两个环节的评分；③12315是全国统一开通的市场监管部门投诉举报电话，各级市场监管部门设有专门机构负责对餐饮环节投诉举报信息进行统一编码归档，由此可得到餐饮

经营商户食品安全的投诉举报信息。

图 5-1　网络订餐食品操作流程

订餐平台：美团、饿了么两大订餐平台占网络订餐市场份额超过90%。订餐平台可提供经营商户的包装、配送环节的信息，结合食药监部门的餐饮安全量化评级信息，可得到网络订餐食品安全量化评级信息。此外，两大订餐平台均开通了各自的食品安全投诉举报热线，可搜集到针对网络订餐经营商户食品安全水平的投诉举报信息。

社会组织：网络订餐食品安全相关的社会组织，主要为餐饮服务行业协会和消费者保护协会。①根据《2016年度中国餐饮百强企业和餐饮500强门店分析报告》，2016年餐饮百强企业营业收入仅占全国餐饮收入的6.1%，餐饮行业集中度很低，在此背景下，餐饮行业协会的会员单位主要为大型餐饮连锁企业，其对绝大多数中小型餐饮店的信息缺乏掌握，因而网络订餐食品安全预警模型的指标体系不考虑餐饮服务行业协会的信息；②根据消费者协会投诉热线的拨打要求，在餐饮店消费时权益受到侵害者，可拨打12315热线进行投诉，因而从消费者协会可搜集到网络订餐经营商户食品安全问题的投诉举报信息。

消费者：作为网络订餐食品的直接食用者，消费者对食品新鲜度、卫生、成熟度、温度等状况有最直接的感受，在遇到不安全食品时会在订餐平台上发布经营商户的负面评价，通过关键词挖掘技术可以有效搜集订餐平台上的负面评价数据。

专家：不同于政府部门、订餐平台、社会组织、消费者等掌握着客观的食品安全状况，专家在食品安全评估中也能贡献智慧，主要是对指标权重的衡量（附录介绍了专家配置权重的一个示例）。

综上分析，得到表5-1所示的网络订餐经营商户的食品安全风险评价指标体系。

表5-1　网络订餐经营商户的食品安全风险评价指标体系

一级指标	二级指标	指标依据及风险等级划分
网络订餐食品安全量化评级所揭示的风险水平 X（信息来源：食药监局、订餐平台）	原料采购验收的风险 X_1	《餐饮服务食品安全操作规范》（国食药监食〔2011〕395号）
	原料贮存的风险 X_2	
	粗加工与切配的风险 X_3	
	加工制作的风险 X_4	根据各环节评分的高低划分风险等级
	包装的风险 X_5	
	配送的风险 X_6	
消费者食品安全负面在线评论所揭示的风险水平 Y（信息来源：订餐平台上的消费者有关食品安全问题的负面评论）	引起身体不适的频数 Y_1	根据消费者的食品安全负面评论的频数，划分风险等级
	食品不新鲜的频数 Y_2	
	食品不卫生的频数 Y_3	
	食品成熟度不适的频数 Y_4	
	食品保温效果差的频数 Y_5	
	劣质餐盒餐具的频数 Y_6	
网络订餐食品安全投诉举报所揭示的风险水平 Z（订餐平台、12315、12331）	订餐平台接到投诉举报频数 Z_1	根据三个渠道的食品安全投诉举报的频数，划分风险等级
	12315接到投诉举报频数 Z_2	
	12331接到投诉举报频数 Z_3	

（二）网络订餐食品安全预警的贝叶斯网络模型

贝叶斯网络（Bayesian Network，简称 BN）是图论与概率论结合，是利用有向无环图（Divected Acylic Groph，DAG）和条件概率表（Conditional Probability Table，CPT）进行不确定推理和数据分析的工具。依据表 1，可以将网络订餐经营商户的食品安全风险评价指标变量按照其依赖关系表示为图 5-2 所示的 DAG。

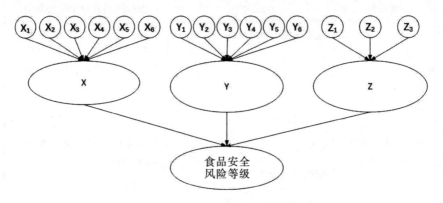

图 5-2　网络订餐经营商户食品安全预警 BN 模型的 DAG

在贝叶斯网络的 DAG 之基础上，需要确定各节点的联合概率分布。将网络订餐经营商户的各级指标数据所揭示的食品安全风险水平分别分为三个等级并赋值，1 代表低风险，2 代表中风险，3 代表高风险。

在将各节点按食品安全风险水平赋值之后，需要确定贝叶斯网络的联合概率分布。贝叶斯网络的一个优点在于其利用变量间的条件独立关系将联合概率分布分解为多个复杂度较低的概率分布，从而减少了数据分析的复杂程度，提高推理效率。考虑式 5-1 中的包含 m 个变量的联合概率分布，当所有变量均取三值时，式5-1包含的独立参数为（3^m-1）个。

$$P(X_1, X_2, \cdots, X_m) = \prod_{i=1}^{m} P(X_i \mid X_1, X_2, \cdots, X_{i-1}) \qquad 5-1$$

对于任意的 X_i，如果存在 $\pi(X_i) \subseteq \{X_1, X_2, \cdots X_{i-1}\}$，使得给定 $\pi(X_i)$ 时，X_i 与 $\{X_1, X_2, \cdots X_{i-1}\}$ 中的其他变量条件独立，则有式5-2。假设对任意的 X_i，$\pi(X_i)$ 最多含 n 个变量，则当所有变量均取三值时，式5-2包含的独立参数最多为 $m3^n$ 个，从而简化了计算复杂度，当总变量数目 m 很大且 $n \ll m$ 时简化效果更为显著。

$$P(X_1, X_2, \cdots, X_m) = \prod_{i=1}^{m} P(X_i \mid \pi(X_i)) \qquad 5-2$$

贝叶斯网络的另一个优点在于，其概率分布可通过领域专家的先验知识获取，也可以根据样本统计数据获得，或者是两者的结合（先获得领域专家的先验概率，再根据样本数据进行改进）（刘越畅等，2012）。在获取一定数量样本餐饮店的相关数据（食药监局的餐饮安全量化分级数据、消费者的食品安全负面评论数据、各渠道的食品安全投诉举报数据）的基础上，可得到贝叶斯网络各节点的先验概率，再通过领域专家的先验知识得到贝叶斯网络的联合概率分布表，待今后各方主体的数据实现互联互通时可利用大数据对概率分布进行改进。

三、网络订餐食品安全预警系统的功能

将食药监局、订餐平台、社会组织、消费者等主体有关网络订餐经营商户的食品安全信息统一上传至预警系统之中，系统基于上

述贝叶斯网络模型可解决概率推理问题和最大后验问题。

(一) 概率推理问题

概率推理问题又称后验概率问题,是指在已知证据变量 (evidence variables,简称 E) 的取值时,计算查询变量 (query variables,简称 Q) 后验概率分布的问题,即求解概率分布 P (Q | E=e)。在网络订餐食品安全预警系统之中,根据证据变量和查询变量的性质,概率推理问题通常包括以下两类。

1. 预测推理

是指在已知网络订餐经营商户食品安全风险信息指标体系中某些变量的取值时,对该商户的食品安全风险水平进行预测。设已知 n 个变量的取值集合为 $E = \{E_1 = e_1, E_2 = e_2, \cdots, E_n = e_n\}$,$n \leq 15$,则可根据式 5-3、式 5-4、式 5-5 分别计算该商户的食品安全风险水平 (Risk Level of Food Safety,以下简称 RLoFS) 为低风险、中风险、高风险的概率。若求得该商户的食品安全风险水平为中、高风险的概率很大,则启动预警机制:①食药监局加强对系统所预测的食品安全风险隐患较高的餐厅增加检查频率;②对长期保持食品安全高风险的餐厅,订餐平台在用户选择该餐厅点餐时予以食品安全风险提示,以市场化手段倒逼商家提高食品安全水平。

$$P(RLoFS = 1 \mid E = e) = \frac{P(RLoFS = 1) \cdot P(E = e \mid RLoFS = 1)}{P(E = e)}$$

$$5-3$$

$$P(RLoFS = 2 \mid E = e) = \frac{P(RLoFS = 2) \cdot P(E = e \mid RLoFS = 2)}{P(E = e)}$$

$$5-4$$

$$P(RLoFS = 3 \mid E = e) = \frac{P(RLoFS = 3) \cdot P(E = e \mid RLoFS = 3)}{P(E = e)}$$

5-5

2. 诊断推理

是指在已知某经营商户出现严重食品安全问题时，利用贝叶斯网络模型逆向推理出导致食品问题的经营环节。例如，已知某商户来自消费者食品安全负面评论和投诉举报很多，即已知 $Y=3$，$Z=3$，同时可知关于 Y_i 和 Z_i 的一部分信息，将证据变量集合记为 $E = \{Y=3，Z=3，Y_i，Z_i\}$，则可运用式 5-6 分别计算该商户各经营环节的食品安全风险水平为高风险的概率。若求得该商户某经营环节的食品安全风险水平为高风险，则启动预警机制：①食药监局重点检查该餐厅食品安全风险隐患较高的经营环节，责令其针对高风险环节进行整改；②订餐平台通过商户版应用软件对该商户定向推送该经营环节的食品安全注意事项等有关信息，从而帮助商户改善存在食品安全问题的经营环节。

$$P(X_i = 3 \mid Y = 3，Z = 3，Y_i，Z_i) =$$
$$\frac{P(X_i = 3)P(Y = 3，Z = 3，Y_i，Z_i \mid X_i = 3)}{P(Y = 3，Z = 3，Y_i，Z_i)}$$

5-6

（二）最大后验问题

是指在已知网络订餐经营商户食品安全风险信息指标体系中某些变量的取值时，求解一组假设变量（hypothesis variables，记为 H）的后验概率最大的状态组合，H 的一个状态组合称为一个假设（hypothesis），记为 h。在所有可能的食品安全风险水平的组合中，求出后验概率最大的假设 h*，这就是最大后验问题的求解，简称 MAP

问题。例如，已知某商户的状态变量 E＝e，利用式 5-7 求解其概率最大的各经营环节食品安全风险水平组合，从而得到此商户各经营环节食品安全水平的最大可能情形。

$$h^* = \mathrm{argmax}(H = h \mid E = e) = \mathrm{argmax}(X_1,\ X_2,\ X_3,\ X_4,\ X_5,\ X_6 \mid E = e) \qquad 5\text{-}7$$

四、实证分析

笔者于 2017 年 6 月 1 日至 9 月 30 日期间，联合某一线城市 U 行政区的食药监局和某大型订餐平台，共同开展了网络订餐食品安全预警系统的测试实验。考虑到消费者负面评论、投诉举报等数据的可获得性，仅选取 U 行政区内从 2016 年 5 月 31 日至 2017 年 5 月 31 日一年间的月均销量在 500 单以上的商户为样本。在抽样时，主要以月销量和菜系为分类指标，最终选取 200 家网络订餐经营商户为样本（样本构成见表 5-2），根据样本的各指标数据得到贝叶斯网络模型的先验概率（见图 5-3），表 5-3 给出模型中各指标的赋值方式（统计各渠道投诉举报数据时，考虑到举报类型严重性的不同，将每次身体不适类的投诉举报的频数计为 3，其余类型的投诉举报每次计为 1）。此外，笔者会同 U 行政区食药监局的餐饮食品安全监管人员、某订餐平台的食品安全管理人员，根据过往的食品安全管理经验，经过讨论和反复修正，得到贝叶斯网络模型的概率分布（见图 5-4，限于篇幅，仅给出局部概率分布）。数据分析部分采用处理贝叶斯网络问题的专门工具"Netica"。

表 5-2 样本构成

菜系 月均销量	中式餐饮	西式快餐
500~1000 单	20	5
1001~2000 单	120	18
2000 单以上	30	7

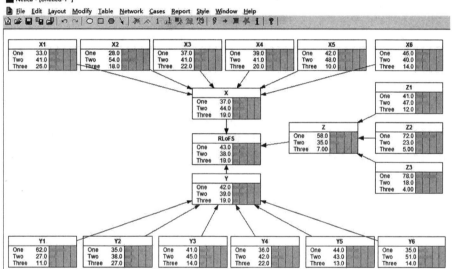

图 5-3 贝叶斯网络模型的先验概率

（一）预测推理

在 U 行政区中，随机抽取 100 家月均销量在 500 单以上的网络订餐经营商户（不再选取此前样本中的 200 家商户），搜集此 100 家商户在 2017 年 6 月的 X_1，X_2，X_3，Y_1，Y_2，Y_3，Z_1 七个指标的数据作为证据变量对它们的食品安全风险水平进行预测，图 5-5 给出了某餐厅在已知上述七个指标情况下的预测推理结果。2017 年 6 月，此 100 家餐馆共有 31 家为低食品安全风险，47 家为中风险，22 家为高风险。于 2017 年 7 月对中风险、高风险的网络订餐经营商户启动 5.3.1 节中的预警措施，最终于 2017 年 8 月末测得中风险餐厅下降至 26 家，高风险餐厅下降至 9 家，显著的下降幅度说明了系统的预测推理达到了良好的实践效果。

表 5-3 指标的赋值方式

指标	风险等级		
	低风险（1）	中风险（2）	高风险（3）
X_1	0≤采购评分≤4	4<采购评分≤8	8<采购评分≤10
X_2	0≤贮存评分≤4	4<贮存评分≤8	8<贮存评分≤10
X_3	0≤粗加工评分≤4	4<粗加工评分≤8	8<粗加工评分≤10
X_4	0≤制作评分≤4	4<制作评分≤8	8<制作评分≤10
X_5	0≤包装评分≤4	4<包装评分≤8	8<包装评分≤10
X_6	0≤配送评分≤4	4<配送评分≤8	8<配送评分≤10
X	上年度评级为 A	上年度评级为 B	上年度评级为 C
Y_1	0≤此项频数≤2	2<此项频数≤4	4<此项频数
Y_2	0≤此项频数≤3	3<此项频数≤6	6<此项频数
Y_3	0≤此项频数≤4	4<此项频数≤7	7<此项频数
Y_4	0≤此项频数≤3	3<此项频数≤6	6<此项频数
Y_5	0≤此项频数≤5	5<此项频数≤9	9<此项频数
Y_6	0≤此项频数≤3	3<此项频数≤6	6<此项频数
Y	$6 \leq \sum_{i=1}^{6} Y_i \leq 10$	$10 < \sum_{i=1}^{6} Y_i \leq 14$	$14 < \sum_{i=1}^{6} Y_i \leq 18$
Z_1	0≤此项频数≤2	2<该项频数≤4	4<该项频数
Z_2	0≤该项频数≤1	1<该项频数≤3	3<该项频数
Z_3	0≤该项频数≤1	1<该项频数≤3	3<该项频数

续表

指标	风险等级		
	低风险（1）	中风险（2）	高风险（3）
Z	$3 \leqslant Z_1 + Z_2 + Z_3 \leqslant 5$	$5 < Z_1 + Z_2 + Z_3 \leqslant 7$	$7 < Z_1 + Z_2 + Z_3 \leqslant 9$
RLoFS	$3 \leqslant X + Y + Z \leqslant 5$	$5 < X + Y + Z \leqslant 7$	$7 < X + Y + Z \leqslant 9$

（注：消费者食品安全负面评论频数、投诉举报的频数为样本餐厅从 2016 年 5 月 31 日至 2017 年 5 月 31 日一年间的月度平均数值。）

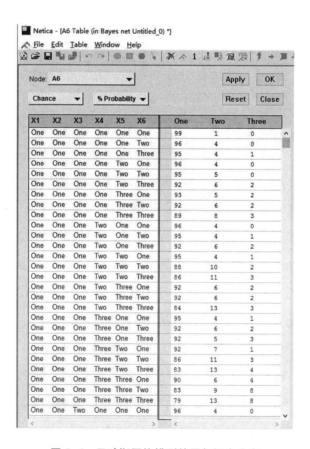

图 5-4 贝叶斯网络模型的局部概率分布

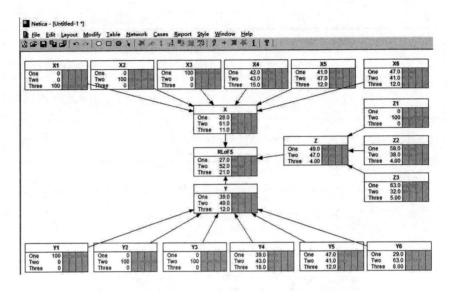

图 5-5　已知某餐厅部分指标情况下的预测推理结果

（二）诊断推理

需要注意的是，食药监局的餐饮食品安全量化评级的数据，是根据上个年度对餐饮店的实地检查所得，而餐饮店各个经营环节的食品安全水平却是动态变化的，预警系统的诊断推理功能可以在某商户出现食品安全问题时迅速定位其高食品安全风险的经营环节。某订餐平台的客服于 2017 年 7 月中旬接到消费者的食品安全投诉，消费者在食用某外卖餐厅的食品之后出现食物中毒，订餐平台迅速搜集得到此餐厅 2017 年 6 月的部分指标（$Y_1=2$，$Y_2=3$，$Y_3=2$，$Y_4=1$，$Y_5=1$，$Y_6=2$，$Z_1=3$），利用预警系统进行诊断推理（见图 5-6）。诊断推理结果表明，该餐厅的原料采购验收、贮存两个环节的食品安全风险较高，食药监局的事后调查显示，该餐厅在储存食品时未做到不同种类食品的分区贮存，很可能是食品交叉污染所导致的食物中毒。这表明预警系统的诊断推理达到了较好的效果。

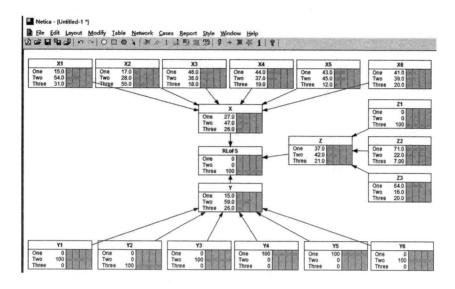

图 5-6 某问题餐厅的诊断推理结果

（三）MAP 问题

根据网络订餐经营商户每月的消费者食品安全负面评论数据、投诉举报数据可以推断出其各个经营环节最大后验概率的动态食品安全风险水平组合。下面以 5.4.2 节中的商户说明 MAP 问题的求解。

已知此餐厅 2017 年 6 月的部分指标（$Y_1 = 2$，$Y_2 = 3$，$Y_3 = 2$，$Y_4 = 1$，$Y_5 = 1$，$Y_6 = 2$，$Z_1 = 3$），可得其 2017 年 6 月各经营环节最大后验概率的食品安全风险水平组合：原料采购验收（中风险）、原料贮存（高风险）、粗加工与切配（中风险）、加工制作（低风险）、包装（低风险）、配送（中风险）。对于所有的网络订餐经营商户，均可根据月度的消费者食品安全负面评论数据、投诉举报数据，求解出其各经营环节的食品安全风险水平组合，从而为食药监局在实地检查不同线下餐饮店时需重点关注的经营环节提供决策依据。

五、本章小结

本章给出了"信息技术+协同监管"的网络食品安全监管模式创新的范例。通过综合政府部门、订餐平台、社会组织、消费者有关网络订餐食品安全风险信息，采用贝叶斯网络模型，建立食品安全预警系统，并举例介绍系统的预警功能及实现路径。通过整合多渠道来源的信息，可估算网络订餐经营商户的食品安全风险水平，及时发现食品安全风险较高的商户和经营环节，从而采取针对性措施保障食品安全。最后，对本章所研究内容有以下两点展望。

第一，网络订餐食品安全风险信息的数据采集，是建立在食品安全利益相关主体的通力合作之基础上。政府部门应对餐饮店进行更加仔细的日常检查，形成商户食品安全风险水平的原始资料。订餐平台应采取措施提高消费者的就餐评价积极性，并运用词频挖掘等技术，定期整理汇总各商家的食品安全负面评论数据。订餐平台、12315等投诉举报热线应及时将有关食品安全的投诉举报信息编码归档。消费者应主动学习食品安全知识，提高食品安全意识，自觉发挥监督作用。建议市场监管部门与各订餐平台合作，建立统一的食品安全风险信息平台，便于多元主体间信息的沟通和共享。

第二，网络订餐食品安全预警贝叶斯模型中的先验概率和条件分布，是根据领域专家的先验知识所得，受限于专家的知识水平，具有一定的主观性。贝叶斯参数学习，是指在不断增加网络订餐经营商户的食品安全信息量之基础上，运用最大似然估计、贝叶斯估计等参数估计方法，不断改进贝叶斯模型的先验概率和条件分布（张连文，2006）。随着网络订餐食品安全利益相关主体间信息交流和沟通机制的不断完善，系统预测的准确性会持续提高。

第六章

结论与建议

一、研究结论

第一，本报告研究了网购食品安全监管现状与问题。目前的网购食品安全监管制度框架，以政府市场监管为主，第三方平台协同监管为辅。日常监管工具，主要是专项整治。分析目前网购食品安全监管现状，发现存在三方面的突出问题。

监管主体单一。虽然监管制度框架规定了第三方平台的食品安全义务，但对第三方平台的意愿和能力考虑不足，因而第三方平台未被有效纳入网络食品安全监管体系之中。

监管工具落后。在网购食品安全监管中，监管机构往往在媒体曝光、民众关注时开展专项整治运动，以求平息短期的舆论压力。常态化监管手段的缺位背景下，现有的轻度处罚难以对生产经营者形成持续、有效的威慑。适应网络交易和数字时代的专业信息系统或平台的监管应用不足。

监管效率较低。由于信息来源的局限性，监管部门难以做到精确监管、分类监管，致使监管效率较为低下。

结合相关案例对政府的监管创新进行了归纳总结，发现近几年的政府监管创新主要包括：以科技手段实现智慧化监管、以公益诉讼助力消费者维权、以出台标准推动流程规范化三方面。从范围来看，限于经济发展水平，智慧化监管主要出现在上海、深圳等一线城市，公益诉讼也仅是短期实施，标准化工作也仅在局部地区开展，这些政府监管创新有待在更大范围内落地推行。

第二，从理论上分析第三方平台，基于技术与流程的优势，第三方平台有参与食品安全监管的便利、动力和能力。结合有关案例，分析了第三方平台在食品安全监管方面的自主治理和协同监管两类实践及其存在的问题与局限。

第三方平台的食品安全自主治理，主要体现在食品店铺准入及经营管理、商家分类、介入网购食品供应链三方面，取得了较好的食品安全管控效果，但仍存在一些问题及局限性：①网上食品商家市场准入资质、网上食品信息真实性、平台食品常规安全抽检等，完全由第三方平台核查，既有成本制约，又有能力不足的困难；②网上食品买家是食品质量信息的弱势方，也是利益易受损方，其权益申诉，因时间、成本、食品安全技术约束，导致难以赔付；③平台通过商家分类，介入食品供应链，以品牌、品质、标准化引导产业发展等业务，具有显著的公益性和外部性，但其中一些项目，因在平台声誉、商家利益与消费者权益方面没有取得较好平衡，难以为继；④平台因扩大入驻商家数量的内生动力而在某些方面未严格执行有关管理规定。

第三方平台与政府监管部门，研究开展了一些协同监管项目，取得了良好的食品安全监管效果，提升了网购食品安全监管的信息化水平，也降低了食品安全信息方面的重复性投入，有利于综合多个来源的信息对食品安全风险进行综合评估。但从实施范围来看，第三方平台参与的协同监管项目主要集中在一线城市，未在全国范围内广泛开展，主要受制于目前政府部门的监管理念、技术水平及投入成本、体制机制等方面的障碍。

第三，回顾了网购消费者参与食品安全监管的相关文献，明确了将消费者作为网购食品安全监管的重要参与主体的必要性，并分析了当前网购消费者参与食品安全监管的方式及制约因素。当前消费者主要通过投诉举报、在线评论和民事诉讼等方式参与食品安全监管，但仍存在三方面的制约因素：①消费者参与的制度建设有待完善。如投诉举报人的隐私保护不到位，食品民事诉讼和民事赔偿中还存在举证困难，导致消费者维权成本常常大于维权收益；②消费者参与网购食品安全监管的能力和意识不足；③消费者参与食品安全监管的路径与渠道有限。通过消费者消费体验后在网上的负面评价数据挖掘示例，确实可揭示网购食品安全风险的关键点。网络零售方面：①从品类来看，新鲜水果的变质问题最为显著，而休闲食品的包装问题最为显著；②从经营模式来看，入驻食品相较于自营食品的食品安全问题更为显著；③从食品来源看，国产休闲零食的食品安全问题主要集中在变质、引发身体不适、有异物等方面，而进口休闲零食的食品安全问题主要集中在包装、临期和品质低下等方面。网络订餐方面：①从食品安全问题类型来看，按问题出现频率由高到低依次是食材不新鲜、卫生状况差、食品成熟度不佳、保温不到位；②从商家属性来看，月销量少的商家、高校聚集区的商家、非品牌商家、中式餐饮商家出现食品安全问题的概率较高；③从各类商家食品安全问题特点来看，需要重点关注低销量商户和小吃店的食材采购与储存；对于快餐店、西式餐饮应重点改善配送环节的保温效果；对于人工操作较多的中式餐饮应重点完善从业人员操作规范、食品加工环境，同时提升操作流程的标准化程度。

第四，本研究构建了市场监管部门、第三平台及相关主体，即"信息技术+协同监管"的网络食品安全监管创新模式。该模式，主要通过综合政府部门、订餐平台、社会组织、消费者有关网络订餐食品安全风险信息，采用贝叶斯网络模型，建立食品安全预警系统，并举例介绍系统的预警功能及实现路径。通过整合多渠道来源的信息，可估算网络订餐经营商户的食品安全风险水平，及时发现食品安全风险较高的商户和经营环节，从而采取针对性措施保障食品安全。该模式的充分发挥，主要仰赖两个必备条件：一是多方数据完全共享；二是模型中的专家先验知识须客观全面。

二、政策建议

针对目前网购食品安全现状及存在的问题，基于市场失灵与政府失灵的角度，本研究提出对策方案：

第一，完善监管制度，尽快出台网购食品监管方面的细则、具体措施与执行手段。

针对网络食品安全监管的正式制度框架及其缺陷，以及监管主体单一、监管工具落后、监管效率较低的问题，结合近期一些地区的网络食品安全监管实践的阶段性经验，建议市场监管总局尽快出台"与食品网购电商平台信息共享保障食品安全的管理办法"。该办法基于市场监管部门与第三方平台，在资源和能力方面既有各自的局限性，也有自己的信息优势，通过信息共享与机制交流，提升网购食品监管水平。该办法的主要内容应包括：一是市场监管部将市场主体基本信息和各类涉企许可信息归集上线，并开放相关信息接口，为网购食品第三方平台依法依规核验经营者、规范平台市场秩序提供保障；二是共建应急处置联动机制，提升对突出食品安全事件的应对能力；三是通过对平台海量交易数据分析，实现在线识别食品安全风险来源，及时处置违法违规事件。

第二，落实"社会共治"理念，共建食品安全大数据共享网。

食品安全纯属公共安全。由于监管人员和资源稀缺，而食品生产经营者的数量庞大，食品安全的技术专业强且复杂，单纯依靠政府的力量难以完全有效地解决食品安全问题。因而将第三方平台、网购消费者，以及行业协会、新闻媒体、第三方认证机构、市场性检验检测机构等所有与食品安全有关的多元主体，纳入政府的食品安全监管体系中，通过共建食品安全大数据共享网，可充分发挥各自在食品网购交易中所掌握的信息特征，引导网上商家诚信经营，阻吓违法违规行为。这个食品安全大数据共享网，需要政府与第三方平台之间的食品安全数据信息的充分对接，实现区域入网食品企业入驻信息、许可信息、食品安全社会评价和投诉信息共四类信息共享。在这个共享网上，需要加大信息公示量，实现全市入网企业食品生产证、经营许可证公示、顾客评价信息公示和食品安全问题商户黑名单等公示，防止不法商家浑水摸鱼。

第三，积极引导、鼓励、支持第三方平台开展食品安全类业务。

近年来，第三方平台为了提升平台形象，满足消费者对美好生活和食品品质提升的诉求，尝试推出了食品标准体系建设、食品溯源、食品安全商业保险等多个项目，一些项目在获得消费者支持的同时，商家、平台也获得良好收益；而另一些项目，消费者反应好、食品安全改善明显，但平台、企业成本在短期内难以获益，建议政府予以一定的财政支持。

第四，提升消费者参与网购食品安全监管的便利与能力。

完善消费者参与网购食品安全监管的相关制度，比如，匿名投诉举报制度、公益诉讼制度、举证倒置制度，进而畅通消费者参与渠道，降低维权成本。同时，应进一步加强面向消费者的食品安全知识的宣传、普及和教育，让消费者树立主动参与的意识。此外，尝试通过食品安全信息交流和共享，运用消费者自主选择的市场机制倒逼食品商家提升其质量安全水平。

参考文献

[1] AKERLOF G A. The Market for "Lemons": Quality Uncertainty and the MarketMechanism [J]. The Quarterly Journal of Economics, 1970, 84 (3): 488-500.

[2] ALCHIAN A, DEMSETZ H. Production, Information Costs, and Economic Organization [J]. American Economic Review, 1972, 62 (5): 777-795.

[3] ANTLE J. M. Benefits and Costs of Food Safety Regulation [J]. Food Policy, 1999, 24 (6): 605-623.

[4] ARROW K J. The Organization of Economic Activity: Issues Pertinent to the Choice of Market versus Nonmarket Allocation [J]. The Analysis and Evaluation of Public Expenditure: The PPB System, 1969, 1: 59-73.

[5] BARLOW S M., BOOBIS A R., BRIDGES J, et al. The Role of Hazard- and Risk-Based Approaches in Ensuring Food Safety [J]. Trends in Food Science & Technology, 2015, 46 (2): 176-188.

[6] BARZEL Y. Measurement Cost and the Organization of Markets

[J]. Journal of Law and Economics, 1982, 25 (1): 27-48.

[7] BOASE J P. Beyond Government? The Appeal of Public-private Partnerships [J]. Canadian Public Administration, 2000, 43 (1): 75-92.

[8] COASE R H. The Nature of the Firm. Economica, 1937, 4 (16): 386-405.

[9] DARBY M R, KARNI E. Free Competition and the Optimal Amount of Fraud [J]. Journal of Law and Economics, 1973, 16 (1): 67-88.

[10] EMERSON R M. Power-Dependence Relations [J]. American Sociological Review, 1962, 27: 31-41.

[11] FARES M, ROUVIÈRE E. The Implementation Mechanisms of Voluntary Food Safety Systems [J]. Food Policy, 2010, 35 (5): 412-418.

[12] GENG Z Q, ZHAO S S, TAO G C, et al. Early Warning Modeling and Analysis Based on Analytic Hierarchy Process Integrated Extreme Learning Machine (AHP-ELM): Application to Food Safety [J]. Food Control, 2017, 78: 33-42.

[13] GRAND J. The Theory of Government Failure [J]. British Journal of Political Science, 1991, 21 (4): 423-442.

[14] HENSON S, CASWELL J. Food Safety Regulation: An Overview of Contemporary Issues [J]. Food Policy, 1999, 24 (6): 589-603.

[15] HERRERA A G. The Hazard Analysis and Critical Control

Point System in Food Safety [J]. Methods in Molecular Biology, 2004, 268: 235-280.

[16] KRAAKMAN R H. Gatekeepers: The Anatomy of a Third-Party Enforcement Strategy [J]. Journal of Law, Economics , and Organization, 1986, 2 (1): 53-104.

[17] LAMMERDING A M, FAZIL A. Hazard Identification and Exposure Assessment for Microbial Food Safety Risk Assessment [J]. International Journal of Food Microbiology, 2000, 58 (3): 147-157.

[18] LIU N N, LO C W H, ZHAN X Y, et al. Campaign-Style Enforcement and Regulatory Compliance [J]. Public Administration Review, 2015, 75 (1): 85-95.

[19] LIU Y, HAN W, ZHANG Y, et al. An Internet-of-Things Solution for Food Safety and Quality Control: A Pilot Project in China [J]. Journal of Industrial Information Integration, 2016, 3: 1-7.

[20] MCLEAN I. Public Choice: An Introduction [M]. Oxford: Basil Blackwell, 1987.

[21] MARTINEZ M G, FEARNE A, CASWELL J A, et al. Co-regulation as a Possible Model for Food Safety Governance: Opportunities for Public-private Partnerships [J]. Food Policy, 2007, 32 (3): 299-314.

[22] MARTINEZ G, VERBRUGGEN M, FEARNE P. Risk-based Approaches to Food Safety Regulation: What Role for Co-regulation? [J]. Journal of Risk Research, 2013, 16 (9): 1101-1121.

[23] MAY P, BURBY R. Making Sense out of Regulatory Enforcement [J]. Law & Policy, 1998, 20 (2): 157-182.

［24］MUELLER D C. Public Choice II ［M］. Cambridge：Cambridge University Press，1989.

［25］NELSON P J. Information and Consumer Behavior ［J］. Journal of Political Economy，1970，78（2）：311-329.

［26］NIELSEN R K. News Media，Search Engines and Social Net-working Sites as Varieties of Online Gatekeepers ［M］//PETERS C，BROERSMA M. Rethinking Journalism Again. London：Routledge，2016.

［27］NORTH D C RANDALL C，THRAINN E. Institutions，Insti-tutional Change and Economic Performance ［M］. Cambridge：Cambridge University Press，1990.

［28］OECD. The Role of Internet Intermediaries in Advancing Public Policy Objectives ［M］. Paris：OECD Publishing，2011.

［29］PFEFFER J，SALANCIK G. The External Control of Organiza-tions：A Resource Dependence Perspective ［M］. Stanford：Stanford Uni-versity Press，2003.

［30］ROUVIÈRE E，CASWELL J A. From Punishment to Preven-tion：A French Case Study of the Introduction of Co - regulation in Enforcing Food Safety ［J］. Food Policy，2012，37（3）：246-254.

［31］ROUVIÈRE E，ROYER A. Public Private Partnerships in Food Industries：A Road to Success? ［J］. Food Policy，2017，69：135-144.

［32］SHI X，LIAO Z. Online Consumer Review and Group-Buying Participation：The Mediating Effects of Consumer Beliefs ［J］. Telematics & Informatics，2017，34（5）：605-617.

[33] SMITH R D, JACOBS S H. Regulatory Impact Analysis: Best Practices in OECD Countries [M]. Paris: OECD, 1997.

[34] STIGLER G J. The Economics of Information [J]. Journal of Political Economy, 1961, 69 (3): 213-225.

[35] STIGLER G J. The Optimum Enforcement of Laws [J]. Journal of Political Economy, 1970, 78 (3): 526-536.

[36] STIGLER G J. The Theory of Economic Regulation [J]. The Bell Journal of Economics and Management Science, 1971, 2 (1): 3-21.

[37] SUSSMAN S W, SIEGAL W S. Informational Influence in Organizations: An Integrated Approach to Knowledge Adoption [J]. Information Systems Research, 2003, 14 (1): 47-65.

[38] WANG J, YUE H. Food Safety Pre-Warning System Based on Data Mining for a Sustainable Food Supply Chain [J]. Food Control, 2017, 73: 223-229.

[39] WILLIAMSON O E. The Economic Institutions of Capitalism: Firms, Markets, Relational Contracting [M]. New York: The Free Press, 1985.

[40] WILLIAMSON O E. The Mechanisms of Governance [M]. Oxford: Oxford University Press, 1996.

[41] WILLIAMSON O E. Transaction-cost Economics: The Governance of Contractual Relations [J]. The Journal of Law and Economics, 1979, 22 (2): 233-261.

[42] WOLF C. A Theory of Nonmarket Failure: Framework for Im-

plementation Analysis［J］. The Journal of Law and Economics, 1979, 22
（1）：107-139.

［43］WOLF C. Markets or Governments：Choosing Between Imperfect
Alternatives［M］. Cambridge：MIT Press, 1988.

［44］YAPP C, FAIRMAN R. Factors Affecting Food Safety Compli-
ance within Small and Medium-sized Enterprises：Implications for Regula-
tory and Enforcement Strategies［J］. Food Control, 2006, 17（1）：
42-51.

［45］ZITTRAIN J. A History of Online Gatekeeping［J］. Harvard
Journal of Law & Technology, 2006, 19（2）.

［46］程信和, 董晓佳. 网络餐饮平台法律监管的困境及其治理
［J］. 华南师范大学学报（社会科学版）, 2017（3）：118-122.

［47］高凛. 我国食品安全社会共治的困境与对策［J］. 法学论
坛, 2019, 34（5）：96-104.

［48］龚诗阳, 刘霞, 刘洋, 等. 网络口碑决定产品命运吗——对
线上图书评论的实证分析［J］. 南开管理评论, 2012, 15（4）：
118-128.

［49］顾小林, 张大为, 张可, 等. 基于关联规则挖掘的食品安
全信息预警模型［J］. 软科学, 2011, 25（11）：136-141.

［50］郝媛媛, 邹鹏, 李一军, 等. 基于电影面板数据的在线评
论情感倾向对销售收入影响的实证研究［J］. 管理评论, 2009, 21
（10）：95-103.

［51］胡颖廉. "十三五"期间的食品安全监管体系催生：解剖
四类区域［J］. 改革, 2015（3）：72-81.

[52] 纪杰. 基于供应链视角的网购食品安全监管困境及策略研究 [J]. 当代经济管理, 2018, 40 (9): 32-38.

[53] 李静. 食品安全的合作共治: 日本经验与中国路径 [J]. 理论月刊, 2019 (4): 91-97.

[54] 刘鹏, 李文韬. 网络订餐食品安全监管: 基于智慧监管理论的视角 [J]. 华中师范大学学报 (人文社会科学版), 2018, 57 (1): 1-9.

[55] 刘鹏. 运动式监管与监管型国家建设: 基于对食品安全专项整治行动的案例研究 [J]. 中国行政管理, 2015 (12): 118-124.

[56] 刘亚平, 李欣颐. 基于风险的多层治理体系——以欧盟食品安全监管为例 [J]. 中山大学学报 (社会科学版), 2015, 55 (4): 159-168.

[57] 刘越畅, 陈世文, 冯进达, 等. 基于贝叶斯网络的蔬菜质量安全溯源与预警 [J]. 广东农业科学, 2012, 39 (20): 188-190, 205.

[58] 李先国. 发达国家食品安全监管体系及其启示 [J]. 财贸经济, 2011 (7): 91-96.

[59] 李雨洁, 廖成林, 李忆. 消费者个体行为偏好对在线评论真实性的影响机理研究 [J]. 软科学, 2015 (1): 105-109.

[60] 李雨洁, 李苑凌. 商家的操纵评论行为对在线评论真实性影响研究 [J]. 软科学, 2015, 29 (12): 135-139.

[61] 牛亮云, 吴林海. 食品安全监管的公众参与与社会共治 [J]. 甘肃社会科学, 2017 (6): 232-237.

[62] 戚建刚. 食品安全社会共治中的公民权利之新探 [J]. 当

代法学，2017，31（6）：45-53.

　　[63] 戚建刚，张晓璇. 食品安全社会共治公民权利救济制度之新探 [J]. 中国高校社会科学，2019（6）：91-103.

　　[64] 邱均平，邹菲. 关于内容分析法的研究 [J]. 中国图书馆学报，2004，30（2）：12-17.

　　[65] 宋宝娥. 基于集值统计和供应链的食品安全预警模型探析 [J]. 统计与决策，2014（12）：56-58.

　　[66] 苏东水. 产业经济学（第四版）[M]. 北京：高等教育出版社，2015.

　　[67] 唐晓纯. 多视角下的食品安全预警体系 [J]. 中国软科学，2008（6）：150-160.

　　[68] 王常伟，顾海英. 我国食品安全保障体系的沿革、现实与趋向 [J]. 社会科学，2014（5）：44-56.

　　[69] 吴晓东. 我国食品安全的公共治理模式变革与实现路径 [J]. 当代财经，2018（9）：38-47.

　　[70] 谢康，刘意，肖静华，等. 政府支持型自组织构建——基于深圳食品安全社会共治的案例研究 [J]. 管理世界，2017（8）：64-80，105.

　　[71] 许建军，周若兰. 美国食品安全预警体系及其对我国的启示 [J]. 世界标准化与质量管理，2008（3）：47-49.

　　[72] 颜海娜，于静. 网络订餐食品安全"运动式"治理困境探究——一个新制度主义的分析框架 [J]. 北京行政学院学报，2018（3）：81-90.

　　[73] 殷国鹏. 消费者认为怎样的在线评论更有用？——社会性

因素的影响效应［J］. 管理世界, 2012（12）: 115-124.

　　［74］詹承像, 刘星宇. 食品安全突发事件预警中的社会参与机制［J］. 山东社会科学, 2011（5）: 53-57.

　　［75］张连文, 郭海鹏. 贝叶斯网引论［M］. 北京: 科学出版社, 2006: 143-171.

　　［76］赵鹏. 超越平台责任: 网络食品交易规制模式之反思［J］. 华东政法大学学报, 2017（1）: 60-71.

　　［77］周广亮. 协同治理视域下国家食品安全监管路径研究［J］. 中州学刊, 2019（2）: 73-79.

　　［78］周开国, 杨海生, 伍颖华. 食品安全监督机制研究——媒体、资本市场与政府协同治理［J］. 经济研究, 2016, 51（9）: 58-72.

　　［79］周应恒, 王二朋. 中国食品安全监管: 一个总体框架［J］. 改革, 2013（4）: 19-28.

附　录

网络订餐食品安全评价指标模型——
专家主导

随着网络订餐行业的快速发展，评价外卖商家的食品安全状况，形成各商家的食品安全系数并向消费者展示，有助于降低行业信息不对称程度，倒逼商家提高食品安全水平。本章针对当前餐饮安全量化评级指标权重分配失衡的问题，采用流程监管的理念，通过专家打分，运用层次分析法构建网络订餐食品安全评价指标模型，并阐述如何运用所构建的评价指标模型测度外卖商家的食品安全水平，为改进食品药品监管局的量化分级管理工作提供一种思路。

一、层次分析法简介

（一）层次分析法的概念与应用领域

层次分析法是将与决策有关的元素分解成目标层、准则层、指标层等层次，在此基础上进行定性和定量分析的决策方法，具有系统、灵活、简洁等优点[73]。20 世纪 70 年代，美国匹兹堡大学运筹学教授托马斯·L.萨蒂（T. L. Saaty）在第一届国际数学建模会议上发表了"无结构决策问题的建模——层次分析法"，首次提出了层次分析法（Analytic Hierarchy Process，简称AHP），引起了人们的关注。Saaty采用该方法在20世纪七八十年代先后为美国各部门解决了电力分配、应急研究、石油价格预测等方面的问题，达到了良好的实践效果。在1982年的中美能源、资源与环境学术会议上，Saaty的学生向中国学者介绍了层次分析法，中国学者由此开始对层次分析法进行深入的了解与研究，并逐渐将其应用于经济计划、行为科学、能源分析、成果评价等诸多领域。

（二）层次分析法的基本原理与步骤

层次分析法的基本原理是将复杂问题分解为若干层次和因素，对两两指标之间的重要程度进行比较判断，建立判断矩阵，通过计算矩阵的最大特征值以及对应特征向量，就可以得出各因素相对重要性的权重[75]。

1. 建立层次指标体系

应用层次分析法时，首先要把问题条理化、结构化，建立层次指标体系。这些层次可以分为三类：目标层、准则层、指标层。指标体系的层次数与研究问题的复杂程度和需要分析的详尽程度有关。设 $U = \{u_1, u_2, \cdots, u_m\}$ 为目标层的 m 个影响因素构成的集合，其中 $u_1, u_2, \cdots, u_m$ 为一级指标。每个一级指标设置下属的二级指标，$u_i = \{u_{i1}, u_{i2}, \cdots, u_{ip}\}$，$i = 1, 2, \cdots, m$，其中。$u_{i1}, u_{i2}, \cdots, u_{ip}$ 为二级指标。

2. 构造判断矩阵

通过邀请若干名专家对指标体系中的各关联因素进行两两比较评判，给出相对重要性的定量结果，构成判断矩阵。以目标层 $U = \{u_1, u_2, \cdots, u_m\}$ 的 m 个指标为例说明判断矩阵的构造方法。设 $\vec{W} = \{w_1, w_2, \cdots, w_m\}$ 为权重分配向量，其中 w_i 表示 u_i 的权重，权重分配向量反映了各因素的重要程度，要求 $\sum_{i=1}^{m} w_i = 1$。Satty 提出用数字1~9及其倒数作为评判两个因素相对重要程度的标度（见表7-1）。

表7-1 判断矩阵的标度

a_{ij}	含义
1	表示两个因素相比，具有同样的重要性
3	表示两个因素相比，前者比后者稍重要
5	表示两个因素相比，前者比后者明显重要
7	表示两个因素相比，前者比后者非常重要
9	表示两个因素相比，前者比后者极端重要
2, 4, 6, 8	表示上述两相邻等级的中间值
倒数	表示相应两个因素交换次序比较的重要性

表7-1中 a_{ij} 表示因素 u_i 和因素 u_j 对目标层的影响程度之比，m 个因素两两比较，就构成了一个判断矩阵 $A = (a_{ij})_{m \times m}$。

$$A = \begin{bmatrix} a_{11} & a_{12} & \cdots & a_{1m} \\ a_{21} & a_{22} & \cdots & a_{2m} \\ \cdots & \cdots & \cdots & \cdots \\ a_{m1} & a_{m2} & \cdots & a_{mm} \end{bmatrix}, \text{其中 } a_{ij} > 0, a_{ij} = (a_{ji})^{-1}, a_{ii} = 1。$$

3. 一致性检验及判断矩阵修正

由于受到诸多因素影响，判断矩阵很难出现严格一致性的情况，

因此在得到 λ_{max} 后，还需要对判断矩阵进行一致性检验。

①计算一致性指标（Consistency Index，CI）

$CI = \dfrac{\lambda_{max} - m}{m - 1}$ ，其中 λ_{max} 为判断矩阵的最大特征值，m 为判断矩阵的阶数。

②查找平均随机一致性指标（Average random consitency index，RI）

平均随机一致性指标 RI 随着判断矩阵的阶数 m 的变化而改变（见表7-2）。

表7-2　平均随机一致性指标 RI 取值表

判断矩阵的阶数 m	1	2	3	4	5	6	…
RI	0	0	0.52	0.89	1.12	1.24	…

③计算一致性比例（Consistency Ratio，CR）

$CR = \dfrac{CI}{RI}$

当 CR<0.10 时，认为判断矩阵的一致性是可以接受的，否则应当对判断矩阵进行适当的纠正。

④计算权重分配向量 $\vec{W}$

以目标层 $U = \{u_1, u_2, \cdots, u_m\}$ 的 m 个指标为例说明权重分配向量 $\vec{W}$ 的计算方法。通过一致性检验的判断矩阵为 $A = (a_{ij})_{m \times m}$。

$$A = \begin{bmatrix} a_{11} & a_{12} & \cdots & a_{1m} \\ a_{21} & a_{22} & \cdots & a_{2m} \\ \cdots & \cdots & \cdots & \cdots \\ a_{m1} & a_{m2} & \cdots & a_{mm} \end{bmatrix}, \text{其中 } a_{ij} > 0, a_{ij} = (a_{ji})^{-1}, a_{ii} = 1 \text{。}$$

可列算式：

$$A\vec{W} = \lambda_{max} \vec{W}$$

其中 λ_{max} 为判断矩阵的最大特征值，存在且唯一。求解以上算式可得：

$$\longrightarrow = (W_1, W_2, \cdots, W_m), \forall W_i \geq 0$$

将求得的 $\longrightarrow$ 做归一化处理，即可得权重分配向量：$\vec{W} = \{w_1, w_2, \cdots, w_m\}$，其中 $\sum_{i=1}^{m} w_i = 1$。

二、研究设计

（一）构建网络订餐食品安全评价指标体系

2011 年 8 月 22 日，国家食品药品监督管理总局印发《餐饮服务食品安全操作规范》（以下简称《规范》），对餐饮服务各个环节的操作提出了明确要求。结合《规范》和相关文献材料可知：网络外卖食品在消费者食用之前需要经过原料采购验收、贮存、粗加工与切配、加工制作、包装（主要涉及餐盒餐具）、配送多个环节（见图 7-1）。构建科学的网络订餐食品安全评价指标体系，需要识别各个环节的食品安全影响因素。

图 7-1 网络外卖各环节流程图

结合《规范》，以及上文中的分类，得出表7-3所示的网络订餐食品安全评价指标体系。

表7-3 网络订餐食品安全评价指标体系

评价对象	一级指标	二级指标
网络订餐食品安全水平 U	原料采购验收 u_1	供应商选择 u_{11}
		原料物流配送 u_{12}
		索证索票、验收和建立台账 u_{13}
	原料储存 u_2	储存设施设备 u_{21}
		储存环境卫生 u_{22}
		分类、分区储存 u_{23}
		原料出入库检查 u_{24}
	粗加工与切配 u_3	原料清洗与消毒 u_{31}
		工具、容器卫生 u_{32}
		人员卫生与健康 u_{33}
		半成品分类放置 u_{34}
	加工制作 u_4	规范使用食品添加剂 u_{41}
		烹饪温度、时长 u_{42}
		厨师卫生与健康 u_{43}
		加工制作工具的清洗与消毒 u_{44}
	餐盒与餐具 u_5	材质 u_{51}
		卫生 u_{52}
	配送 u_6	配送时效 u_{61}
		保温效果 u_{62}
		配送员卫生与健康 u_{63}

（二）调查问卷的设计、发放与回收

1. 调查问卷的设计

层次分析法是将指标体系中的元素进行两两比较，从而确定各指标相对重要性的权重，根据表 7-2 的网络订餐食品安全评价指标体系设计调查问卷（见附录）。

2. 调查问卷的发放

调查问卷发放对象为食品安全专家（10 份）、订餐平台的食品安全管理人员（10 份）、连锁餐饮店的管理人员（100 份）。其中中式餐馆 75 家，西式快餐馆 25 家。共计发放 120 份。（注：调查对象选择连锁餐饮店的管理人员，是因为他们大多拥有管理多家餐饮门店的经验，为维持品牌形象而更加重视安全食品的供给，因而这类调查对象的观点更有代表性。）

3. 调查问卷的回收

回收调查问卷 106 份，剔除 6 份含空缺项的问卷，最终得到 100 份有效问卷。有效问卷中：食品安全专家（10 份）、订餐平台食品安全管理人员（10 份）、中式餐馆（60 份）、西式快餐馆（20 份）。

三、网络订餐食品安全影响因素权重的统计分析

（一）计算单层权重向量及一致性检验

根据各指标的重要性构造判断矩阵进行计算，所得结果见表 7-4 至表 7-10。需要说明的是，100 位调查者意味着共有 $7 \times 100 = 700$

个不同的判断矩阵，由于篇幅所限，本处仅展示第一位专家的判断矩阵及一致性检验结果。最终权重分配向量取 100 位专家统计结果的算数平均值。

1. 判断矩阵 U-u_i（u_i对 U 的影响程度）

表 7-4　判断矩阵 U-u_i（第一位专家）

1.1　专家 ID：绿茶餐厅　专家权重：0.0100—网络外卖食品安全水平　一致性比例：0.0971；对"网络外卖食品安全水平"的权重：1.0000；λmax：6.6115

网络外卖食品安全水平	原料采购验收	原料储存	粗加工与切配	加工制作	餐盒与餐具	配送	Wi
原料采购验收	1.0000	5.0000	6.0000	7.0000	9.0000	8.0000	0.5160
原料储存	0.2000	1.0000	4.0000	5.0000	7.0000	6.0000	0.2358
粗加工与切配	0.1667	0.2500	1.0000	3,0000	4.0000	5.0000	0.1162
加工制作	0.1429	0.2000	0.3333	1.0000	4.0000	2.0000	0.0626
餐盒与餐具	0.1111	0.1429	0.2500	0.2500	1.0000	0.3333	0.0267
配送	0.1250	0.1667	0.2000	0.5000	3.0000	1.0000	0.0425

权重分配向量为 $\vec{W}$ =（0.3674，0.2763，0.2158，0.1058，0.0132，0.0215）

2. 判断矩阵 u_1-u_{1j}（u_{1j}对u_1的影响程度）

表 7-5　判断矩阵 u_1-u_{1j}（第一位专家）

1.2　专家ID：绿茶餐厅　专家权重：0.0100—原料采购验收　一致性比例：0.0980；对"网络外卖食品安全水平"的权重：0.5160；λmax：3.1019

原料采购验收	供应商选择	原料物流配送	索证索票、验收和建立台账	Wi
供应商选择	1.0000	5.3009	4.6991	0.7072
原料物流配送	0.1886	1.0000	2.3009	0.1833
索证索票、验收和建立台账	0.2128	0.4346	1.0000	0.1095

权重分配向量 $\vec{w_1}$ =（0.5899，0.2804，0.1297）

3. 判断矩阵 u_2-u_{2j}（u_{2j}对u_2的影响程度）

表 7-6　u_{2j}对u_2的影响程度（第一位专家）

1.3　专家ID：绿茶餐厅　专家权重：0.0100—原料储存　一致性比例：0.0830；对"网络外卖食品安全水平"的权重：0.2358；λmax：4.2215

原料储存	储存设施设备	储存环境卫生	分类、分区储存	原料出入库检查	Wi
储存设施设备	1.0000	0.3333	0.1429	4.0000	0.1081
储存环境卫生	3.0000	1.0000	0.2500	5.0000	0.2211
分类、分区储存	7.0000	4.0000	1.0000	8.0000	0.6245
原料出入库检查	0.2500	0.2000	0.1250	1.0000	0.0463

权重分配向量 $\vec{w_2}$ =（0.1248，0.3776，0.4231，0.0745）

4. 判断矩阵 u_3-u_{3j}（u_{3j}对u_3的影响程度）

表7-7　u_{3j}对u_3的影响程度（第一位专家）

1.4　专家ID：绿茶餐厅　专家权重：0.0100—粗加工与切配　一致性比例：0.0818；对"网络外卖食品安全水平"的权重：0.1162；λmax：4.2184

粗加工与切配	原料清洗与消毒	工具、容器卫生	人员卫生与健康	半成品分类放置	Wi
原料清洗与消毒	1.0000	3.0000	6.0000	0.2000	0.21 78
工具、容器卫生	0.3333	1.0000	3.0000	0.1 667	0.0987
人员卫生与健康	0.1667	0.3333	1.0000	0.1250	0.0462
半成品分类放置	5.0000	6.0000	8.0000	1.0000	0.6373

权重分配向量 $\vec{w}_3$ =（0.1735，0.0954，0.0729，0.6582）

5. 判断矩阵 u_4-u_{4j}（u_{4j}对u_4的影响程度）

表7-8　u_{4j}对u_4的影响程度（第一位专家）

1.5　专家ID：绿茶餐厅　专家权重：0.0100—加工制作　一致性比例：0.0984；对"网络外卖食品安全水平"的权重：0.0626；λmax：4.2628

加工制作	规范使用食品添加剂	烹饪温度、时长	厨师卫生与健康	加工制作工具清洗、消毒	Wi
规范使用食品添加剂	1.0000	5.0000	8.0000	6.0000	0.6350
烹饪温度、时长	0.2000	1.0000	5.0000	3.0000	0.2097

加工制作	规范使用食品添加剂	烹饪温度、时长	厨师卫生与健康	加工制作工具清洗、消毒	Wi
厨师卫生与健康	0.1250	0.2000	1.0000	0.2500	0.0456
加工制作工具清洗、消毒	0,1667	0.3333	4.0000	1.0000	0.1097

权重分配向量 $\vec{w_4}$ =（0.5277，0.1059，0.2061，0.1603）

6. 判断矩阵 u_5-u_{5j}（u_{5j}对 u_5的影响程度）

表 7-9　u_{5j}对 u_5的影响程度（第一位专家）

1.6　专家ID：绿茶餐厅　专家权重：0.0100—餐盒与餐具　一致性比例：0.0830；对"网络外卖食品安全水平"的权重：0.2358；λmax：4.2215

餐盒与餐具	材质	卫生	Wi
材质	1.0000	6.0000	0.8571
卫生	0.1667	1.0000	0.1429

权重分配向量 $\vec{w_5}$ =（0.6363，0.3037）

7. 判断矩阵 u_6-u_{6j}（u_{6j}对 u_6的影响程度）

表 7-10　u_{6j}对 u_6的影响程度（第一位专家）

1.7　专家ID：绿茶餐厅　专家权重：0.0100—配送　一致性比例：0.0976；对"网络外卖食品安全水平"的权重：0.0425；λmax：3.1015

配送	配送时效	保温效果	配送员卫生与健康	Wi
配送时效	1.0000	0.1744	3.7343	0.1804

配送	配送时效	保温效果	配送员卫生与健康	Wi
保温效果	5.7343	1.0000	8.2657	0.7532
配送员卫生与健康	0.2678	0.1210	1.0000	0.0664

权重分配向量 $\vec{w_6}$ = (0.2196, 0.5701, 0.2103)

(二) 计算总层权重向量

根据上节中所得的单层权重向量，可以计算得到总层权重向量，结果见表 7-9，括号中的数字代表各个指标相对于网络订餐食品安全水平的影响权重。

表 7-11　各指标对网络订餐食品安全水平的影响权重

评价对象	一级指标	二级指标
网络订餐食品安全水平 U	原料采购验收 u_1 (0.3674)	供应商选择 u_{11} (0.2167)
		原料物流配送 u_{12} (0.1030)
		索证索票、验收和建立台账 u_{13} (0.0477)
	原料储存 u_2 (0.2763)	储存设施设备 u_{21} (0.0345)
		储存环境卫生 u_{22} (0.1043)
		分类、分区储存 u_{23} (0.1169)
		原料出入库检查 u_{24} (0.0206)
	粗加工与切配 u_3 (0.2158)	原料清洗与消毒 u_{31} (0.0374)
		工具、容器卫生 u_{32} (0.0206)
		人员卫生与健康 u_{33} (0.0157)
		半成品分类放置 u_{34} (0.1421)

续表

评价对象	一级指标	二级指标
网络订餐食品安全水平 U	加工制作 u_4（0.1058）	规范使用食品添加剂 u_{41}（0.0558）
		烹饪温度、时长 u_{42}（0.0112）
		厨师卫生与健康 u_{43}（0.0218）
		加工制作工具的清洗与消毒 u_{44}（0.0170）
	餐盒与餐具 u_5（0.0132）	材质 u_{51}（0.0084）
		卫生 u_{52}（0.0048）
	配送 u_6（0.0215）	配送时效 u_{61}（0.0047）
		保温效果 u_{62}（0.0123）
		配送员卫生与健康 u_{63}（0.0045）

依据表 7-3，网络订餐各流程占食品安全水平权重依次为：原料采购验收（0.3674），原料储存（0.2763），粗加工与切配（0.2158），加工制作（0.1058），配送（0.0215），餐盒与餐具（0.0132）。食品安全专家、订餐平台管理人员、连锁餐饮企业管理人员的意见表明，当前网络订餐食品安全问题的关键原因在于原料采购验收、原料储存、粗加工与切配三个环节。原料采购验收方面，各因素的重要性依次为：供应商选择（0.5899），索证索票、验收和建立台账（0.2804），原料物流配送（0.1297）。原料储存方面，各因素的重要性依次为：分类、分区储存（0.4231），储存环境卫生（0.3776），储存设施设备（0.1248），原料出入库检查（0.0745）。粗加工与切配方面，各因素的重要性依次为：半成品分类放置（0.6582），原料清洗与消毒（0.1735），工具、容器卫生（0.0954），人员卫生与健康（0.0729）。

同时，配送、包装（主要涉及餐盒与餐具）两个环节的重要性之和为 0.0347，不足 0.04，表明当前网络订餐业内人士认为配送和包装两个环节对食品安全的影响程度已经很低。在配送环节，目前网络订餐旗下的专职骑手已经基本实现"40 分钟送达"的配送时效，部分平台还推出"超时保险"来保障配送时效；兼具制冷层和制热层的保温箱已在配送环节逐渐推广，以维持饭菜、冷饮的适宜温度；并且要求配送员持健康证上岗和按时对保温箱进行消毒，因此配送环节对食品安全的影响越来越低。在包装环节，订餐平台联合第三方机构研发的"安全餐盒""安全餐具"的使用已经较为普遍，因而包装环节对食品安全的影响亦越来越低。

四、网络订餐食品安全评价指标模型的应用

从统计学意义来看，食品安全水平是一个模糊的、不确定的、较难量化的指标，需要采用模糊数学的综合评价方法。本节阐述如何运用模糊综合评价法测度外卖商家的食品安全水平，该综合评价方法根据模糊数学的隶属度理论把定性评价转化为定量评价，具有结果清晰、系统性强的优点。具体步骤见图 7-2。

图 7-2　模糊综合评价具体步骤

前两节中已经完成了评价对象、评价指标体系、指标权重这三个步骤，本节不再重复叙述。

（一）确定评价等级和相应标准

设 $V = \{v_1, v_2, \cdots, v_n\}$ 为评价者对被评价对象可能做出的各种评价结果组成的评价集。其中，$v_j(j = 1, 2, \cdots, n)$ 为第 j 个评价结果，n 为总的评价结果数，一般划分为 3 到 5 个等级。本研究将评价集设为 $V = \{v_1, v_2, v_3, v_4, v_5\} = \{5, 4, 3, 2, 1\}$，$v_1$ 到 v_5 分别表示某一指标很好、较好、一般、较差、很差。网络订餐食品安全评价指标模型中各一级指标下属的二级指标的评定要考量的因素见下文。

1. 原料采购验收

供应商选择：供应商资质（经营资质、产品资质），进货渠道是否稳定，供货期限。

原料物流配送：需冷藏或冷冻的原料是否做到冷链运输。

索证索票、验收和建立台账：对《餐饮服务食品采购索证索票管理规定》（国食药监食〔2011〕178 号）的执行情况。

食品采购索证索票、验收和建立台账的有关规定

第八条　从生产加工单位或生产基地直接采购时，应当查验、索取并留存加盖有供货方公章的许可证、营业执照和产品合格证明文件复印件；留存盖有供货方公章（或签字）的每笔购物凭证或每笔送货单。

第九条　从流通经营单位（商场、超市、批发零售市场等）批量或长期采购时，应当查验并留存加盖有公章的营业执照和食品流通许可证等复印件；留存盖有供货方公章（或签字）的每笔购物凭证或每笔送货单。

第十条　从流通经营单位（商场、超市、批发零售市

场等）少量或临时采购时，应当确认其是否有营业执照和食品流通许可证，留存盖有供货方公章（或签字）的每笔购物凭证或每笔送货单。

第十一条　从农贸市场采购的，应当索取并留存市场管理部门或经营户出具的加盖公章（或签字）的购物凭证。从个体工商户采购的，应当查验并留存供货方盖章（或签字）的许可证、营业执照或复印件、购物凭证和每笔供应清单。

第十二条　从食品流通经营单位（商场、超市、批发零售市场等）和农贸市场采购畜禽肉类的，应当查验动物产品检疫合格证明原件。从屠宰企业直接采购的，应当索取并留存供货方盖章（或签字）的许可证、营业执照复印件和动物产品检疫合格证明原件。

第十三条　实行统一配送经营方式的，可以由餐饮服务企业总部统一查验、索取并留存供货方盖章（或签字）的许可证、营业执照、产品合格证明原件，建立采购记录；各门店应当建立并留存日常采购记录；门店自行采购的产品，应当严格落实索证索票、进货查验和采购记录制度。

第十四条　采购乳制品的，应当查验、索取并留存供货方盖章（或签字）的许可证、营业执照、产品合格证明文件复印件。

第十五条　批量采购进口食品、食品添加剂的，应当索取口岸进口食品法定检验机构出具的与所购食品、食品添加剂相同批次的食品检验合格证明的复印件。

第十六条　采购集中消毒企业供应的餐饮具的，应当

查验、索取并留存集中消毒企业盖章（或签字）的营业执
照复印件、盖章的批次出厂检验报告（或复印件）。

第十七条 食品、食品添加剂及食品相关产品采购入
库前，餐饮服务提供者应当查验所购产品外包装、包装标
志是否符合规定，与购物凭证是否相符，并建立采购记录。
鼓励餐饮服务提供者建立电子记录。

采购记录应当如实记录产品的名称、规格、数量、生
产批号、保质期、供应单位名称及联系方式、进货日期等。

从固定供应基地或供应商采购的，应当留存每笔供应
清单，前款信息齐全的，可不再重新登记记录。

第十八条 餐饮服务提供者应当按产品类别或供应商、
进货时间顺序整理、妥善保管索取的相关证照、产品合格
证明文件和进货记录，不得涂改、伪造，其保存期限不得
少于2年。

2. 原料储存

储存设施设备：常温库（柜）、冷藏库（柜）、冷冻库（柜）的
保有量，冷藏、冷冻设施设备能否达到相应的低温要求。

储存环境卫生：储存场所、设备是否保持清洁，是否存在霉斑、
老鼠、苍蝇、蟑螂等。

分类、分区储存：植物性食品、动物性食品和水产品是否做到
分类分区储存，各储存分区是否有明显标志。

原料出入库检查：原料出入库是否有记录，是否做到先进先出。

3. 粗加工与切配

原料清洗与消毒：原料是否清洗干净并消毒，动物性食品原料、

植物性食品原料、水产品原料是否分池清洗。

工具、容器卫生：洗物盆、水池等卫生情况，是否配备消毒柜。

人员卫生与健康：粗加工切配人员是否持健康证，人员卫生状况。

半成品分类放置：切配好的半成品是否与原料分开存放，是否根据不同半成品的性质分类存放。

4. 加工制作

食品添加剂使用：添加剂使用是否符合有关规定，是否采用精确的计量工具称量。

烹饪温度、时长：不同菜品是否有烹饪温度和时间的标准。

厨师卫生与健康：厨师是否持健康证，人员卫生状况。

工具清洗与消毒：炉具、灶具和烹调器皿卫生状况，是否定期清洗消毒并记录。

5. 餐盒与餐具

材质：是否采用"安全餐盒""安全餐具"。

卫生：餐盒餐具卫生状况。

6. 配送

配送时效：是否做到"40分钟送达"。

保温效果：是否采用兼具制冷层和制热层的保温箱。

配送员卫生与健康：配送员是否持健康证，是否定期对配送箱进行消毒并记录。

(二) 单因素模糊评价

由若干食品药品监管局的检查人员构成的评价小组，分别对外卖商家的所有二级指标进行评价，从而确定所有一级指标 u_i 对评价集 V 的隶属程度，外卖商家食品安全量化评分表见表7-12。

表7-12 外卖商家食品安全量化评分表

指标等级		评价等级				
一级指标	二级指标	很好	较好	一般	较差	很差
原料采购验收	供应商选择	r_{11}	r_{12}	r_{13}	r_{14}	r_{15}
	原料物流配送	r_{21}	r_{22}	r_{23}	r_{24}	r_{25}
	索证索票、验收和建立台账	r_{31}	r_{32}	r_{33}	r_{34}	r_{35}
原料储存	储存设施设备	r_{11}	r_{12}	r_{13}	r_{14}	r_{15}
	储存环境卫生	r_{21}	r_{22}	r_{23}	r_{24}	r_{25}
	分类、分区储存	r_{31}	r_{32}	r_{33}	r_{34}	r_{35}
	原料出入库检查	r_{41}	r_{42}	r_{43}	r_{44}	r_{45}
粗加工与切配	原料清洗、消毒	r_{11}	r_{12}	r_{13}	r_{14}	r_{15}
	工具、容器卫生	r_{21}	r_{22}	r_{23}	r_{24}	r_{25}
	人员卫生与健康	r_{31}	r_{32}	r_{33}	r_{34}	r_{35}
	半成品分类放置	r_{41}	r_{42}	r_{43}	r_{44}	r_{45}
加工制作	食品添加剂使用	r_{11}	r_{12}	r_{13}	r_{14}	r_{15}
	烹饪温度、时长	r_{21}	r_{22}	r_{23}	r_{24}	r_{25}
	厨师卫生与健康	r_{31}	r_{32}	r_{33}	r_{34}	r_{35}
	工具清洗与消毒	r_{41}	r_{42}	r_{43}	r_{44}	r_{45}
餐盒与餐具	材质	r_{11}	r_{12}	r_{13}	r_{14}	r_{15}
	卫生	r_{21}	r_{22}	r_{23}	r_{24}	r_{25}
配送	配送时效	r_{11}	r_{12}	r_{13}	r_{14}	r_{15}
	保温效果	r_{21}	r_{22}	r_{23}	r_{24}	r_{25}
	配送员卫生与健康	r_{31}	r_{32}	r_{33}	r_{34}	r_{35}

根据表 7-10 中的外卖商家食品安全量化评分表可得到模糊关系矩阵 R_i。

$$R_i = \begin{bmatrix} r_{11} & r_{12} & \cdots & r_{15} \\ r_{21} & r_{22} & \cdots & r_{25} \\ \cdots & \cdots & \cdots & \cdots \\ r_{m1} & r_{m2} & \cdots & r_{m5} \end{bmatrix}, \text{ 其中 } r_i = (r_{i1}, r_{i2}, \cdots, r_{i5})$$

归一化处理 $\sum_{j=1}^{5} r_{ij} = 1$，其中 r_{ij} 表示 u_{ij} 对评价集 V 的隶属度，以供应商选择 u_{11} 为例说明 r_{ij} 的计算方法。例如，5 位食品药品监管局的检查人员构成评价小组，其中 x_1 人对供应商选择 u_{11} 的评分为很好，x_2 人对供应商选择 u_{11} 的评分为较好，x_3 人对供应商选择 u_{11} 的评分为一般，x_4 人对供应商选择 u_{11} 的评分为较差，x_5 人对供应商选择 u_{11} 的评分为很差，则 $r_{11} = x_1/5$，$r_{12} = x_2/5$，$r_{13} = x_3/5$，$r_{14} = x_4/5$，$r_{15} = x_5/5$。据此，我们可以得到下列 6 个模糊关系矩阵。

$$R_1 = \begin{bmatrix} r_{11} & r_{12} & \cdots & r_{15} \\ r_{21} & r_{22} & \cdots & r_{25} \\ r_{31} & r_{32} & \cdots & r_{35} \end{bmatrix}; \quad R_2 = \begin{bmatrix} r_{11} & r_{12} & \cdots & r_{15} \\ r_{21} & r_{22} & \cdots & r_{25} \\ r_{31} & r_{32} & \cdots & r_{35} \\ r_{41} & r_{42} & \cdots & r_{45} \end{bmatrix};$$

$$R_3 = \begin{bmatrix} r_{11} & r_{12} & \cdots & r_{15} \\ r_{21} & r_{22} & \cdots & r_{25} \\ r_{31} & r_{32} & \cdots & r_{35} \\ r_{41} & r_{42} & \cdots & r_{45} \end{bmatrix}; \quad R_4 = \begin{bmatrix} r_{11} & r_{12} & \cdots & r_{15} \\ r_{21} & r_{22} & \cdots & r_{25} \\ r_{31} & r_{32} & \cdots & r_{35} \\ r_{41} & r_{42} & \cdots & r_{45} \end{bmatrix};$$

$$R_5 = \begin{bmatrix} r_{11} & r_{12} & \cdots & r_{15} \\ r_{21} & r_{22} & \cdots & r_{25} \end{bmatrix}; \quad R_6 = \begin{bmatrix} r_{11} & r_{12} & \cdots & r_{15} \\ r_{21} & r_{22} & \cdots & r_{25} \\ r_{31} & r_{32} & \cdots & r_{35} \end{bmatrix}$$

则 u_i（$i=1, 2, \cdots, 6$）的模糊综合评价结果为：

$$B_1 = \vec{w}_1 R_1 = (b_{11}, \ b_{12}, \ b_{13}, \ b_{14}, \ b_{15})$$

$$B_2 = \vec{w}_2 R_2 = (b_{21}, \ b_{22}, \ b_{23}, \ b_{24}, \ b_{25})$$

$$B_3 = \vec{w}_3 R_3 = (b_{31}, \ b_{32}, \ b_{33}, \ b_{34}, \ b_{35})$$

$$B_4 = \vec{w}_4 R_4 = (b_{41}, \ b_{42}, \ b_{43}, \ b_{44}, \ b_{45})$$

$$B_5 = \vec{w}_5 R_5 = (b_{51}, \ b_{52}, \ b_{53}, \ b_{54}, \ b_{55})$$

$$B_6 = \vec{w}_6 R_6 = (b_{61}, \ b_{62}, \ b_{63}, \ b_{64}, \ b_{65})$$

（三）多因素模糊评价

u_i 的模糊综合评价结果 B_i 构成 U 的模糊关系矩阵 R =（B_1, B_2, B_3, B_4, B_5, B_6)^T，经过模糊合成，可得网络订餐食品安全水平 U 的总体评价结果 B。

$$B = \vec{w}R = (b_1, \ b_2, \ b_3, \ b_4, \ b_5)$$

（四）评价结果

模糊综合评价的结果是被评价对象对各评价集子元素的隶属度，一般为模糊矢量，而不是一个点值，因而它能提供的信息比其他方法更丰富。对多个评价对象比较并排序，就需要进一步处理，即计算每个评价对象的综合分值，按大小排序，按顺序择优。

采用最大隶属度原则处理模糊综合评价矢量 B。若模糊综合评价矢量中 $\exists b_r = \max\limits_{1 \leqslant j \leqslant n}\{b_j\}$ ，则被评价对象的食品安全程度隶属度为 v_j。

五、本章小结

本章针对食药监部门的餐饮安全量化评级指标权重分配失衡问题进行研究，重新分配各指标权重并形成更加准确的网络订餐食品安全综合指数，以更好地向消费者传达商户的食品安全信息。

首先，本章运用层次分析法构建网络订餐食品安全评价指标模型，网络订餐各流程占食品安全水平权重依次为：原料采购验收（0.3674），原料储存（0.2763），粗加工与切配（0.2158），加工制作（0.1058），配送（0.0215），餐盒餐具（0.0132）。食品安全专家、订餐平台管理人员、连锁餐饮企业管理人员的意见表明，当前网络订餐食品安全问题的关键原因在于原料采购验收、原料储存、粗加工与切配三个环节，并分析了影响各经营环节食品安全水平的因素。

其次，本章阐述如何运用所构建的评价指标模型测度外卖商家的食品安全水平。由食药监局的检查人员构成评价小组，分别对外卖商家的所有二级指标进行评价，通过单因素模糊评价、多因素模糊评价等步骤，采用最大隶属度原则进行判断，可将外卖商家的食品安全水平评价为很好、较好、一般、较差、很差五个等级之一。

后 记

作为一位多年从事流通领域研究的学者，近年来我深切地感受到网络交易的迅猛发展已经对企业经营形式和居民消费方式产生了巨大影响，但市场监管跟不上新业态、新模式的发展速度也是一个普遍存在的问题。结合以往对流通领域食品安全问题的兴趣和积累，从2016年开始，我所在的课题组对网购食品安全监管问题开展了数年的研究，如今研究书稿即将付梓，特作此后记，对研究过程进行简要回顾，并谈谈对本项研究的感想和体会。

在本书写作的过程中，我所在的课题组组织了北京物资学院多位教师以及研究生，以兼顾理论论证和现实案例为基本原则，凤兴夜寐，进行了认真而细致的研究工作，并邀请同行专家以及业内人士对本书内容进行审阅，力求准确指明网购食品安全监管的关键点和薄弱环节，并对实践中最新的政府监管创新、企业管理经验和社会共治模式进行了归纳和总结，进而提出了完善网购食品安全监管体系的对策和建议。

在研究过程中，课题组对政府有关部门以及业内典型企业进行了多次的座谈调研，获取了翔实而丰富的一手资料，在此向国家发展和改革委员会经济贸易司处长丁建吾、阿里巴巴集团公共事务部总经理仇亚童、京东集团公共事务部朱玉梅、本来生活总裁助理孙红、北京市朝阳区市场监督管理局李琼、美团社区团购傅丽娜、美团公关事业部陈海鲤等对调研的大力支持致以诚挚的谢意。

本书的出版并不意味着我所在的课题组对网购食品安全监管研究的完结，而是一个新的起点。我们注意到，以直播带货、社区团购为代表的食品流通新业态、新模式的发展方兴未艾，在数字时代一定会继续涌现出更多新的食品产业流通模式，相应的食品安全法律法规、行政监管、企业自治以及社会共治也必然随时间推移而不断变化，日益成熟的物联网、区块链等数字技术在食品安全监管中也将得到更多应用，我所在的课题组将持续跟进相关的最新动态和进展。

本书出版时间紧，工作量大，虽经数番校订，仍难免有诸多局限和不足之处，恳请读者批评指正。

洪岚

2021 年 6 月